材料力学的分析与研究

成 诺 著

东北林业大学出版社
Northeast Forestry University Press
·哈尔滨·

图书在版编目（CIP）数据

材料力学的分析与研究／成诺著. —哈尔滨：

东北林业大学出版社，2023.6

ISBN 978－7－5674－3231－4

Ⅰ.①材… Ⅱ.①成… Ⅲ.①材料力学–研究

Ⅳ.①TB301

中国国家版本馆 CIP 数据核字（2023）第 120417 号

责任编辑：任兴华

封面设计：晟　熙

出版发行：东北林业大学出版社

　　　　　　（哈尔滨市香坊区哈平六道街 6 号　邮编：150040）

印　　装：廊坊市广阳区九洲印刷厂

开　　本：787 mm×1092 mm　1/16

印　　张：14.75

字　　数：205 千字

版　　次：2023 年 6 月第 1 版

印　　次：2023 年 6 月第 1 次印刷

书　　号：ISBN 978－7－5674－3231－4

定　　价：60.00 元

前　言

　　自 1638 年意大利科学家为了解决建筑船舶和水闸所需要的梁的尺寸问题,通过一系列的实验,第一次提出梁的计算公式开始,材料力学就不断地发展与完善,随着 21 世纪科学技术的迅猛发展,高等教育对工程素质和能力培养的要求越来越高。

　　力学作为工程科学与技术的先导和基础,可以为新的工程领域提供理论指导,为越来越复杂的工程设计与分析提供有效的方法。材料力学是高等院校众多工科专业开设的一门专业基础课程,理论性与应用性都较强,既是一门经典学科,又是一门不断发展的学科,对于培养学生的工程设计能力和工程创新能力有着不可替代的作用。

　　材料力学的研究方向通常包括两大类。其一是研究材料的力学性能,或者称机械性能。材料的力学性能参量不仅可以用于材料力学的计算,而且也是固体力学及其他分支计算中必不可少的依据。其二是对杆件进行的力学分析,比如在理论力学中存在一类超静定问题,单纯依靠理论力学的公式是无法求解的。此时材料力学就发挥出其不可替代的作用,结合材料力学的应力分析,便可以将简单的力学超静定问题分析出来,从而达到解决实际问题的目的。材料力学的主要研究对象是杆件以及由若干杆件组成的简单杆系,同时也研究一些形状与受力均比较简单的板与壳。杆件的变形可分为拉伸、压缩、扭转和弯曲。处理具体杆件问题的时候,根据材料的性质和变形情况的不同,将问题分为线性问题、几何非线性问题以及物理非线性问题等。

　　本书主要包括材料力学的综述、横截面几何性质、轴向拉伸与压缩、圆轴扭转、弯曲、应力状态和强度理论、组合变形、压杆稳定、交应变力及疲劳破坏等内容。

因作者水平有限,本书难免存在不足之处,敬请读者朋友批评指正。

作　者

2023 年 6 月

目　　录

第一章　材料力学的综述 ……………………………………… 1

 第一节　材料力学的基本概念 ………………………………… 1

 第二节　材料力学的任务与研究对象 ………………………… 4

 第三节　材料力学的基本假设 ………………………………… 8

第二章　横截面的几何性质 …………………………………… 11

 第一节　横截面的静矩和形心 ……………………………… 11

 第二节　惯性矩、惯性积和惯性半径 ……………………… 14

 第三节　平行移轴公式及组合图形的惯性矩 ……………… 18

 第四节　转轴公式、主惯性轴和主惯性矩 ………………… 21

第三章　轴向拉伸和压缩 ……………………………………… 24

 第一节　轴向拉伸与压缩的概念 …………………………… 24

 第二节　轴向拉伸和压缩横截面上的内力和应力 ………… 25

 第三节　直杆轴向拉伸和压缩时斜截面上的应力 ………… 32

 第四节　材料在轴向拉伸和压缩时的力学性能 …………… 34

 第五节　许用应力、安全因数和强度条件 ………………… 43

 第六节　轴向拉伸和压缩时的变形 ………………………… 46

 第七节　轴向拉伸压缩时的弹性变形 ……………………… 50

第四章　圆轴扭转 ···································· 54

　第一节　薄壁圆筒的扭转 ···················· 54

　第二节　圆轴的扭转应力 ···················· 57

　第三节　圆轴扭转的强度和刚度条件 ·········· 63

　第四节　圆轴扭转时的应变能 ················ 67

　第五节　圆轴扭转的简单超静定问题 ·········· 71

　第六节　圆轴的塑性扭转 ···················· 74

　第七节　非圆截面杆扭转的概念 ·············· 76

第五章　弯曲 ···································· 88

　第一节　弯曲内力 ·························· 88

　第二节　弯曲应力 ·························· 112

　第三节　弯曲变形 ·························· 138

　第四节　非对称截面梁的平面弯曲 ············ 154

　第五节　梁的合理设计 ······················ 158

第六章　应力状态和强度理论 ···················· 165

　第一节　平面应力状态的应力分析 ············ 165

　第二节　空间应力状态的概念 ················ 173

　第三节　强度理论 ·························· 174

第七章　组合变形 ································ 183

　第一节　斜弯曲 ···························· 183

　第二节　拉压与弯曲 ························ 187

　　第三节　扭转与弯曲 ……………………………………………… 190

第八章　压杆稳定 ……………………………………………… 193

　　第一节　细长中心受压直杆的临界力 ………………………… 193

　　第二节　实际压杆的稳定因素 ………………………………… 195

第九章　交应变力及疲劳破坏 ………………………………… 202

　　第一节　工程中的交应变力问题 ……………………………… 202

　　第二节　材料的疲劳极限 ……………………………………… 208

　　第三节　构件的疲劳极限 ……………………………………… 210

　　第四节　工程构件的疲劳强度 ………………………………… 218

参考文献 ………………………………………………………… 225

第一章　材料力学的综述

各种机械与结构在工程实际中都有广泛应用,如推土机、钢结构厂房、跨海大桥、框架-剪力墙结构等。组成这些机械与结构的零部件统称为构件。当机械与结构工作时,构件受到外力作用,同时,其尺寸与形状也发生改变。构件尺寸与形状的变化称为变形。构件的变形分为两类:一类为外力解除后能消失的变形,称为弹性变形;另一类为外力解除后不能消失的变形,称为塑性变形或残余变形。

第一节　材料力学的基本概念

土木结构、水利工程结构、桥梁结构、机械结构、火电站与核电站结构、核反应堆结构、航空航天结构等,工程中各种结构的统称为工程结构。工程结构的各组成部分统称为结构构件,简称为构件。

结构物和机械通常都受到各种外力的作用,例如,厂房外墙受到的风压力、吊车梁承受的吊车和被起吊物体的重力等,这些力称为荷载。

港珠澳大桥是中国境内一项连接香港、广东珠海和澳门的桥隧工程,于2009 年 12 月 15 日动工建设,2018 年 10 月 24 日开放通车,历时 9 年竣工。总造价 1 269 亿元。港珠澳大桥全长 55 km,其中包含 22.9 km 的桥梁工程和6.7 km 的海底隧道,隧道由东、西两个人工岛连接;桥墩 224 座,桥塔 7 座;桥梁宽度 33.1 m,沉管隧道长度 5 664 m、宽度 28.5 m、净高 5.1 m;桥面按双向六车道高速公路标准建设,设计速度 100 km/h,全线桥涵设计汽车荷载等级为公路-

Ⅰ级,桥面总铺装面积 70 万 m²;通航桥隧满足近期 10 万 t、远期 30 万 t 油轮通行;大桥设计使用寿命 120 年,地震设防烈度提高至 9 度,可抵御 16 级台风、30 万 t 撞击以及珠江口 300 年一遇的洪潮。

参观者看到大桥,首先想到的是悬索会不会被拉断? 桥面会不会被破坏? 无疑,这是设计者应该考虑的问题。悬索和桥梁在荷载作用下应该具有设计所要求的抵抗破坏的能力,即这些构件有足够的强度;车辆在桥面上行驶时,桥梁不允许有过量的变形,桥梁构件有抵抗变形的能力,即有足够的刚度,主塔架通过悬索支撑着大桥,塔架立柱受力后应该具有保持原有平衡形式的能力,即有足够的稳定性。

设计构件时,不但要满足上述强度、刚度和稳定性要求,还必须尽可能地合理选用材料和降低材料的消耗量,以节约资金或减轻构件的自身重量。前者往往要求多用材料,而后者则要求少用材料,两者之间存在着矛盾。材料力学的任务应在于合理地解决这种矛盾。在不断解决新矛盾的同时,也促进了材料力学的发展。

构件的强度、刚度和稳定性问题均与所用材料的力学性能(主要包括材料变形与外力之间的关系,以及材料抵抗变形与破坏的能力)有关,这些力学性能均需通过材料实验来测定。此外,也有些单靠现有理论解决不了的问题,需借助于实验来解决。因此,实验研究和理论分析同样重要,都是完成材料力学的任务所必需的。

材料力学的任务是:研究构件的强度、刚度、稳定性理论,为设计安全、经济的构件及结构提供相应的理论指导,检测构件的力学性能、确保其安全运行,研究新型的构件、结构和鉴定新材料。

中国、古希腊、古罗马、古埃及以及其他早期文明国家,曾经建造了许多宏伟而耐久的结构物,都有过一些关于材料力学方面的知识,但是绝大多数都因缺少记述而流失了。现有材料力学的发展是从中世纪之后欧洲文艺复兴时代开始的。这一时期最早的某些工作,包括达·芬奇(Leonardo da Vinci)的研究,如确定作用在结构构件上的力以及通过材料的实验确定材料的强度等,达·芬奇不仅是一位艺术家,而且是一位伟大的科学家和工程师。他没有科学著作,但后人在他的笔记本里发现他在许多科学领域都有一些伟大的发明。达·芬奇对力学特别有兴趣,他在笔记中写道:"力学是数学的乐园,因为我们在这里获得了数学的果实。"

最早尝试用解析法确定构件安全尺寸是从 17 世纪才开始的。一般认为以伽利略的名著《关于两门新科学的谈话和数学证明》(1638 年)为材料力学的开端。需指出的是,最早的材料力学实验(木梁弯曲实验)是由伽利略完成的。

在此期间,世界上许多著名的科学家,包括胡克(Hooke R.)、马略特(Mariotte E.)、约翰·伯努利(Bernoulli Johann)、雅各布·伯努利(Bernoulli Jakob)等,都得出了有关梁、柱性能的基础知识,并且研究了材料的强度性能与其他力学性能。同时,意大利、英国等欧洲国家建立了国家科学院,这对材料力学的研究产生了巨大影响。

到了 18 世纪,17 世纪的科学研究成果被推广应用于实际。随着军事工程和结构工程的发展,人们对木材、石料、钢和铜等建筑材料做了很多力学性能实验。第一本与材料有关的书于 1729 年出自法国,书名为《工程师的科学》,作者是贝利多(1698—1761)。书中有一章讨论材料力学;贝利多所引理论没有超出伽利略与马略特已经得到的成果,他的贡献是将这两位的理论应用于木梁实验中,并由此得出确定梁安全尺寸的法则。

18 世纪对材料力学贡献最大的科学家,首推库仑(Coulomb,1736—1806)。他在材料力学方面的主要成就是通过实验验证,修正了伽利略和马略特理论中的错误。

18 世纪后期开始的工业革命以及后来一直延续下来的技术进展,为材料力学的应用提供了许多新的领域。铁桥、铁路工程,机器设计等都是极好的例子。这些应用领域所提出的问题与工程实际经验相联系,又有更多的补充知识,与前几个世纪积累的知识一起组成了较系统的材料力学知识。全世界许多领域的工程师和科学家,都对这些知识的积累做出了他们的贡献。

1826 年,第一本《材料力学》出版,作者是法国著名科学家纳维(Navier, 1785—1836)。19 世纪中叶,铁路尤其是铁路桥梁工程的发展,大大推动了材料力学的发展,使材料力学变成以钢材为主要研究对象的材料力学。按照钢材的特点,均匀连续、各向同性这些基本假定以及胡克定律成为当今材料力学的基础。

20 世纪,特别是近 50 年来科学技术有了突飞猛进的发展,主要是工业技术高度发展,特别是航空与航天工业的崛起,计算机的出现和不断更新换代,各种新型材料(如复合材料、高分子材料)的问世并应用于工程实际,实验设备日趋完善,实验技术水平不断提高,所有这些进展使得材料力学所涉及的领域更加广阔。这也表明材料力学仍然处于不断更新和发展之中,20 世纪形成的材料力学也面临着逐步更新的趋势。

第二节 材料力学的任务与研究对象

一、材料力学的任务

材料力学是研究工程构件承载能力的基础性学科,也是固体力学中具有入门性质的分支。它主要以一维构件(杆件)作为研究对象,定量地研究构件内部在各类变形形式下的力学规律,以便于选择适当的材料,确定恰当的形状尺寸,在保证构件能够承受预定荷载的前提下,为设计既安全又经济的构件提供必要的理论基础、计算方法和实验技能。

各类工程构件要能够正常工作,须满足强度、刚度和稳定性三个方面的要求。

所谓强度,是指构件或结构抵抗破坏的能力。在一定的外荷载作用下,某些构件可能会在局部产生裂纹。裂纹扩展可能导致构件的断裂。而有些构件虽没有产生裂纹,但可能在局部产生较大的不可恢复的变形,导致整个构件失去承载能力。这些现象都是工程构件应该避免的。显然,用钢制构件代替木制构件,就能够提高构件的强度。所以,需要对各类工程材料的力学性能加以研究、分析和比较,把各类材料应用于最适合的场合;另外,可以采用更加合理的结构形式,而不替换材料,不增加材料用量,也能提高结构的强度。例如,图1-1所示的矩形截面悬臂梁,仅仅改变构件的放置方向,就能提高构件抵抗破坏的能力。因此,在材料力学中,要全面地考虑影响构件强度的各种因素,并加以定量分析,从而使人们能够采取更为合理而可靠的措施提高构件的强度。

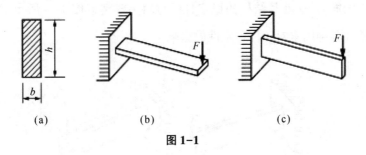

图 1-1

所谓刚度,是指构件或结构抵抗变形的能力。许多构件都应满足一定的变形要求。例如,在精密仪器的加工中,如果车床主轴变形过大,会严重影响加工精度,次品率大幅上升。如果超高层建筑在风荷载作用下产生太大的变形和晃动,会使住户产生不适感甚至恐慌感,所以工程中常常需要提高结构或构件的刚度。针对工程中的实际要求,材料力学将研究构件的变形形式和影响因素,讨论控制构件变形的相关措施。

需要注意,不能把强度和刚度混淆,认为提高构件强度的同时也必然提高其刚度是不一定正确的。的确,有些措施可同时提高构件的强度和刚度。即使如此,它们在数量关系上也不一定是成正比的。对于截面宽度为 b,高度为 $h=3b$ 的矩形截面梁,若将图 1-1(b) 所示的梁横放形式变为图 1-1(c) 所示的竖放形式,则在同样的强度条件要求下,允许施加的荷载提高到 3 倍;而在同样的刚度条件要求下,允许施加的荷载可以提高到 9 倍。另外,在不改变其他条件的前提下,用高强度的合金钢材代替普通钢材,可以提高构件的强度,却不能提高其刚度。因此,强度和刚度是完全不同的两个概念。

由图 1-1 可以看出,如果荷载沿竖直方向作用,并提高构件截面的高宽比 h/b,有助于提高其强度和刚度。但是,过大的高宽比可能产生如图 1-2 所示的另外一类情况。当外荷载不是很大时,悬臂梁保持着仅在竖直平面内发生弯曲的平衡状态,如图 1-2(a)所示;当荷载逐渐增大到一定数值时,原有的平衡状态变得很不稳定,极易转为图 1-2(b)所示的状态,这种情况称为失稳。图 1-3(a)中的压杆也存在类似的情况。工程结构或构件应该有足够的保持原有平衡状态的能力,这就是结构的稳定性。材料力学将以图 1-3 所示的一类压杆为例研究各种因素对压杆稳定性的影响。

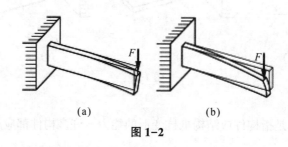

(a)　　　　　　　(b)

图 1-2

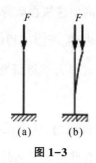

(a)　(b)

图 1-3

二、材料力学的研究对象

工程实际中构件的形状多种多样,按照其几何特征,主要分为杆件与板件。

如图1-4所示,一个方向的尺寸远大于其他两个方向的尺寸的构件,称为杆件。杆件是工程中最常见、最基本的构件。图1-2所示的悬臂梁与图1-3所示的压杆,工程实际中其长度方向的尺寸远大于其他两个方向的尺寸,故均为杆件。

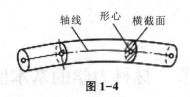

轴线　形心　横截面

图1-4

杆件的形状和尺寸由其轴线与横截面确定,轴线通过横截面的形心,横截面与轴线正交。根据轴线与横截面的特征,杆件可分为等截面杆[图1-5(a)、(c)]与变截面杆[图1-5(b)],直杆[图1-5(a)、(b)]与曲杆[图1-5(c)]。在工程实际中,最常见的杆件是等截面直杆,简称等直杆。等截面直杆的分析计算原理,一般可近似地用于曲率较小的曲杆和截面无显著变化的变截面杆。

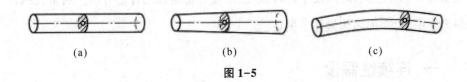

(a)　　　　　　　　　(b)　　　　　　　　　(c)

图1-5

如图1-6所示,一个方向的尺寸远小于其他两个方向尺寸的构件,称为板件。平面板件厚度的几何面称为中面。中面为平面的板件称为板[图1-6(a)];中面为曲面的板件称为壳[图1-6(b)]。

材料力学的主要研究对象是杆件以及由若干杆件组成的简单杆系,也研究一些形状与受力均比较简单的板与壳,如承受径向压力的中面为圆柱面的薄壁圆筒和薄壁圆管。至于较复杂的杆系与板壳问题,则属于结构力学与弹性力学等课程的研究范畴。工程实际中的大部分构件属于杆件,而且,杆件问题的分析原理与方法,也是分析其他形式构件的基础。

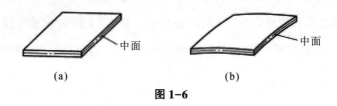

图 1-6

第三节　材料力学的基本假设

实际工程中的任何构件、机械或结构都是变形体,或称为变形固体。变形固体在外力及其他外部因素的作用下,其本身的性质和行为可能比较复杂。材料力学不可能同时考虑各种因素的影响,而只能保留所研究问题的主要方面,略去次要因素,对变形固体做某些假设,即将复杂的实际物体抽象为具有某些主要特征的理想固体,以便于进行强度、刚度和稳定性的理论分析。通常,在材料力学中,对变形固体做如下假设。

一、连续性假设

连续是指在物体或构件所占据的空间内没有空隙,处处充满了物质,即认为物体或构件是密实的,且认为物体在变形后仍保持这种连续性,即受力变形后既不产生新的空隙或孔洞,也不出现重叠现象。这样可以保证物体或构件中的一些物理量(如任意一点的位移等)是连续的,因而可以用连续函数来描述,便于利用微积分等数学工具。广泛的实验与工程实践证实,由此假定所做的力学分析是可行的。

二、均匀性假设

材料在外力作用下所表现出来的性能,称为材料的力学性能。在材料力学中,假设材料的力学性能与其在构件中的位置无关,即认为材料是均匀的。按此假设,从构件内部任何部位所切取的微小单元体(简称为单元体)都具有与构件完全相同的性能。同样,通过试样所测得的力学性能也可用于构件内的任何部位。

对于实际材料,其基本组成部分的力学性能往往存在不同程度的差异。例如,金属是由无数微小晶粒组成的,而各个晶粒的力学性能不完全相同,晶粒交界处的晶界物质与晶粒本身的力学性能也不完全相同。但是,由于构件的尺寸远大于其组成部分的尺寸(如1 mm的钢材中包含数万甚至数十万个晶粒),因此,按照统计学观点,仍可将材料看成均匀的。

三、各向同性假设

假设材料在各个不同方向具有相同的力学性质,即认为其是各向同性的。沿各个方向具有相同力学性能的材料称为各向同性材料,如玻璃。金属的各个晶粒均属于各向异性体,但由于金属构件所含晶粒极多,且在构件内随机排列,宏观上仍可将金属看成各向同性材料。因此,在各向同性材料中,表征材料特性的力学参量(如弹性模量等)与方向无关,为常量。应指出,如果材料沿不同方向具有不同的力学性质,则称为各向异性材料。木材、复合材料是典型的各向异性材料。

以上针对材料的三个假设是材料力学普遍采用的前提假设。除以上三个假设外,材料力学还常常依据小变形假设来推导有关定理或结论。所谓小变形假设,是指所研究的构件在外荷载作用下发生的变形都是微小的,在很多情况下需要用专门的仪器才能观察到。比如结构工程中的梁,它在荷载作用下整个跨度上产生的最大位移比梁横截面的尺寸小很多。

绝大多数工程构件在实际工作状态中所发生的变形都属于小变形。这也是采用小变形假设的合理之处。

采用小变形假设可以使分析过程得以简化,这可以从两个方面说明。

第一,原始尺寸原理。对变形体的分析和计算可以在未变形的构形(指形状和尺寸)上进行,这可用图1-7加以说明。图1-7是一个简单桁架,其中一根杆件是竖直的,另一根是倾斜的。如图1-7(a)所示,若在结点上作用一个竖向集中力,按理论力学中静力学的分析,斜杆是所谓零杆,即内部不存在作用力。

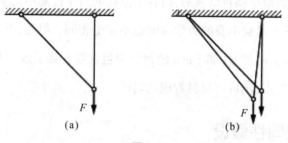

(a)   (b)

图1-7

当实际作用集中力并考虑到构件的变形后,平衡的形态将如图1-7(b)所示。严格意义上说,斜杆不再是零杆,因而两杆内部的力和变形都不再如图1-7(a)的分析那么简单。但是,由于杆件发生的变形是微量的,由分析可知,按照图1-7(b)计算的位移与图1-7(a)的计算结果之差是比杆件产生的小变形还要高阶的微量,因此可以忽略不计,即认为斜杆是零杆。一般来说,在材料力学课程中,除了少数几处特别需要并加以声明的情况,总是在未变形的原始构形上进行平衡分析。这种考虑弹性构件的内力与外力平衡时,在未变形的原始构形上进行分析的方法称为原始尺寸原理。

第二,线性化原理。在许多分析过程中,如果能够确定某些无量纲量是高阶微量,本书都将适时地将其舍去,从而使分析的方程线性化。例如,在研究构件的位移和变形的几何关系时,构件上一点的位移常常是一条弧线(二次或更高次),为简化分析和计算,常用直线(切线或垂线)(线性)代替。诸如此类的处理可以简化分析计算过程,且由于工程中的很多问题都是小变形问题,所以可以保证工程精度的要求。

第二章　横截面的几何性质

第一节　横截面的静矩和形心

材料力学中研究的杆件,其横截面是各种形式的平面图形,如矩形、圆形、T形、工字形等。我们计算关键在外荷载作用下的应力和变形时,要用到与杆件横截面的形状、尺寸有关的几何量。例如,在扭转部分会遇到极惯性矩 I_p,在弯曲部分会遇到静矩 S、惯性矩和惯性积等。我们称这些量为杆件横截面图形的几何性质。

确定平面图形的形心,是确定其几何性质的基础。

在理论力学中,用合力矩定理建立物体重心坐标的计算公式。如均质等厚度薄板(图 2-1),若其截面积为 A,厚度为 t,体积密度为 ρ,则微块的重力为

$$dG = dAt\rho g$$

整个薄板重力为

$$G = At\rho g$$

其重心 C 的坐标为

$$x_C = \frac{\int_A x dG}{G} = \frac{\int_A x dAt\rho g}{At\rho g}, y_C = \frac{\int_A y dG}{G} = \frac{\int_A y dAt\rho g}{At\rho g}$$

由于是均质等厚度,t、ρ、g 为常量,固上式可改写为

$$x_C = \frac{\int_A x dA}{A}, y_C = \frac{\int_A y dA}{A} \tag{2-1}$$

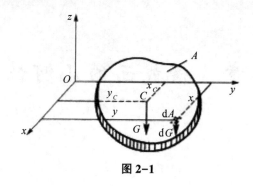

图 2-1

由式(2-1)确定的 C 点,其坐标只与薄板的截面形状及大小有关,称为平面图形的形心,它是平面图形的几何中心。具有对称中心、对称轴的图形的形心必然在对称中心和对称轴上。形心与重心的计算公式虽然相似,但意义不同。重心是物体重力的中心,其位置决定于物体重力大小的分布情况,只有均质物体的重心才与形心重合。

式(2-1)中 $y\mathrm{d}A$ 和 $x\mathrm{d}A$ 分别为微面积 $\mathrm{d}A$ 对 x 轴和 y 轴的静矩。它们对整个平面图形面积的定积分

$$S_x = \int_A y\mathrm{d}A , S_y = \int_A x\mathrm{d}A \qquad (2-2)$$

分别称为整个平面图形对于工轴和轴的静矩。由式(2-2)可看出,同一平面图形对不同的坐标轴,其静矩不同。静矩是代数值,可为正或负,也可能为零。常用单位为立方米(m^3)或立方毫米(mm^3)。

将式(2-2)代入式(2-1),平面图形的形心坐标公式可写为

$$x_C = \frac{S_y}{A} , y_C = \frac{S_x}{A} \qquad (2-3)$$

由此可得平面图形的静矩为

$$S_x = A y_C , S_y = A x_C \qquad (2-4)$$

即平面图形对某轴的静矩等于其面积与形心坐标(形心至该轴的距离)的乘积。当坐标轴通过图形的形心(简称形心轴)时,静矩便等于零;反之,图形对某轴静矩等于零,则该轴必通过图形的形心。

构件截面的图形往往是由矩形、圆形等简单图形组成的,称为组合图形。根据图形静矩的定义,组合图形对某轴的静矩等于各简单图形对同一轴静矩的代数和,即

$$\begin{cases} S_x = A_1 y_{C_1} + A_2 y_{C_2} + \cdots + A_i y_{C_i} = \sum_{i=1}^{n} A_i y_{C_i} \\ S_y = A_1 x_{C_1} + A_2 x_{C_2} + \cdots + A_i x_{C_i} = \sum_{i=1}^{n} A_i x_{C_i} \end{cases} \quad (2-5)$$

式中:x_{C_i}、y_{C_i} 和 A_i 分别表示各简单图形的形心坐标和面积,n 为组成组合图形的简单图形的个数。

将式(2-5)代入式(2-3),可得组合图形形心坐标计算公式为

$$\begin{cases} x_C = \dfrac{S_y}{A} = \dfrac{\displaystyle\sum_{i=1}^{n} x_{C_i} A_i}{\displaystyle\sum_{i=1}^{n} A_i} \\ \\ y_C = \dfrac{S_x}{A} = \dfrac{\displaystyle\sum_{i=1}^{n} y_{C_i} A_i}{\displaystyle\sum_{i=1}^{n} A_i} \end{cases} \quad (2-6)$$

【例2-1】试计算如图 2-2 所示平面图形形心的坐标及对两坐标轴的静矩。

【解】此图形有一个垂直对称轴,取该轴为 y 轴,顶边 AB 为 x 轴。由于对称关系,形心 C 必在 y 轴上,因此只需计算形心在轴上的位置。此图形可看成是由矩形 $ABCD$ 减去矩形 $abcd$。设矩形 $ABCD$ 的面积为 A_1,$abcd$ 的面积为 A_2,则

$$A_1 = 100 \text{ mm} \times 160 \text{ mm} = 16000 \text{ mm}^2$$

$$y_{C_1} = \frac{-160 \text{ mm}}{2} = -80 \text{ mm}$$

$$y_{C_2} = \frac{-(160-30)\text{mm}}{2} + (-30)\text{mm} = -95 \text{ mm}$$

$$A_2 = 130 \text{ mm} \times 60 \text{ mm} = 7800 \text{ mm}^2$$

$$y_C = \frac{\sum\limits_{i=1}^{n} A_i y_{C_i}}{\sum\limits_{i=1}^{n} A_i} = \frac{y_{C_1} A_1 - y_{C_2} A_2}{A_1 - A_2}$$

$$= \frac{(-80 \text{ mm}) \times 16000 \text{ mm}^2 - (-95 \text{ mm}) \times 7800 \text{ mm}^2}{(16000 - 7800) \text{ mm}^2}$$

$$S_x = A y_C = 8200 \text{ mm}^2 \times (-65.73) \text{ mm} = -538986 \text{ mm}^3$$

$$S_y = A x_C = 0$$

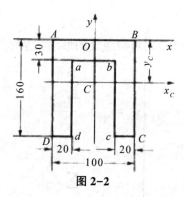

图 2-2

第二节　惯性矩、惯性积和惯性半径

一、惯性矩、极惯性矩

在平面图形中取一微面积 dA（图 2-3），dA 与其坐标平方的乘积 $y^2 dA$、$x^2 dA$ 分别称为该微面积 dA 对 x 轴和 y 轴的惯性矩,而定积分

$$\begin{cases} I_x = \int_A y^2 \, dA \\ I_y = \int_A x^2 \, dA \end{cases} \tag{2-7}$$

分别称为整个平面图形对 x 轴和 y 轴的惯性矩。式中 A 是整个平面图形的面积。微面积 $\mathrm{d}A$ 与它到坐标原点距离平方的乘积对整个面积的积分

$$I_\mathrm{p} = \int_A \rho^2 \mathrm{d}A \qquad (2-8)$$

称为平面图形对坐标原点的极惯性矩。

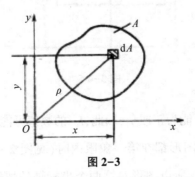

图 2-3

由上述定义可知,同一图形对不同坐标轴的惯性矩是不相同的,由于 y^2、x^2 和 ρ^2 恒为正值,故惯性矩与极惯性矩也恒为正值,它们的单位为四次方米(m^4)或四次方毫米(mm^4)。

从图 2-3 可见 $\rho^2 = x^2 + y^2$,因此

$$I_y = \int_A \rho^2 \mathrm{d}A = \int_A (x^2 + y^2) \mathrm{d}A = I_x + I_y \qquad (2-9)$$

式(2-9)表明平面图形对位于图形平面内某点的任意一对相互垂直坐标轴的惯性矩之和是一常量,恒等于它对该两轴交点的极惯性矩。

二、惯性积

在平面图形的坐标(y,z)处,取微面积 $\mathrm{d}A$(见图 2-4),遍及整个图形面积 A 的积分

$$I_{yz} = \int_A yz \mathrm{d}A \qquad (2-10)$$

定义为图形对 y、z 轴的惯性积。

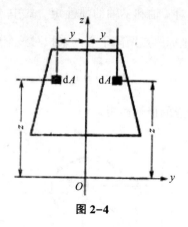

图 2-4

由于坐标乘积 yz 可能为正或负,因此,I_{yz} 的数值可能为正,可能为负,也可能等于零。例如当整个图形都在第一象限内时(见图 2-5),由于所有微面积 $\mathrm{d}A$ 的 y、z 坐标均为正值,所以图形对这两个坐标轴的惯性积也必为正。又如当整个图形都在第二象限内时,由于所有微面积 $\mathrm{d}A$ 的 z 坐标为正,坐标为负,因而图形对这两个坐标轴的惯性积必为负值。惯性积的量纲是长度的四次方。

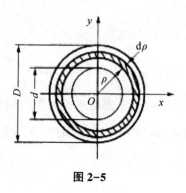

图 2-5

若坐标轴 y 或 z 中有一个是图形的对称轴,如图 2-5 中的 z 轴,这时如在 z 轴两侧对称位置处各取一微面积 $\mathrm{d}A$,显然,两者的 z 坐标相同,y 坐标则数值相等但符号相反。因而两个微面积与坐标 y、z 的乘积,数值相等而符号相反,它们在积分中互相抵消。所有微面积与坐标的乘积都两两相消,最后导致

$$I_{yz} = \int_A yz\mathrm{d}A = 0$$

所以,若坐标系的两个坐标轴中只要有一个轴为图形的对称轴,则图形对这一坐标系的惯性积等于零。

三、惯性半径

工程中,常将图形对某轴的惯性矩表示为图形面积 A 与某一长度平方的乘积,即

$$\begin{cases} I_x = i_x^2 A \\ I_y = i_y^2 A \end{cases} \qquad (2-11)$$

式中:i_x、i_y 分别称为平面图形对 x 轴和 y 轴的惯性半径,单位为米(m)或毫米(mm)。由式(2-11)可知,惯性半径愈大,则图形对该轴的惯性矩也愈大。若已知图形面积 A 和惯性矩 I_x、I_y,则惯性半径为

$$i_x = \sqrt{\frac{I_x}{A}}, i_y = \sqrt{\frac{I_y}{A}} \qquad (2-12)$$

四、简单图形的惯性矩

下面举例说明简单图形惯性矩的计算方法。

【例2-2】设圆的直径为 d(见图2-5);圆环的外为 D,内径为 d,$a = \dfrac{d}{D}$(见图2-6)。试计算它们对圆心和形心轴的惯性矩,以及圆对形心轴的惯性半径。

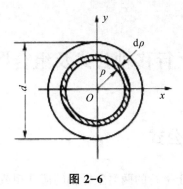

图 2-6

【解】(1)圆的惯性矩和惯性半径。

如图 2-6 所示,在距圆心 O 为 p 处取宽度为 $\mathrm{d}\rho$ 的圆环作为面积元素,其面积为

$$\mathrm{d}A = 2\pi\rho\mathrm{d}\rho$$

由式(2-8)得圆心 O 的极惯性矩为

$$I_p = \int_A \rho^2 \mathrm{d}A = \int_0^{\frac{d}{2}} 2\pi\rho^3 \mathrm{d}\rho = \frac{\pi d^4}{32}$$

由圆的对称性可知,$I_x = I_y$,按式(2-9)得圆形对形心轴的惯性矩为

$$I_x = I_y = \frac{1}{2}I_p = \frac{\pi d^4}{64}$$

由式(2-11),可得圆形对形心轴的惯性半径为

$$i_x = i_y = \sqrt{\frac{I_x}{A}} = \sqrt{\frac{\pi d^4}{64} \times \frac{4}{\pi d^2}} = \frac{d}{4}$$

(2)圆形环(见图 2-7)的惯性矩为

$$I_p = \int_{\frac{d}{2}}^{\frac{D}{2}} 2\pi p^3 \mathrm{d}p = \frac{\pi}{32}(D^4 - d^4) = \frac{\pi D^4}{32}(1 - a^4)$$

$$I_x = I_y = \frac{1}{2}I_p = \frac{\pi D^4}{64}(1 - a^4)$$

式中:$a = \dfrac{d}{D}$。

第三节　平行移轴公式及组合图形的惯性矩

一、平行移轴公式

同一平面图形对于平行的两对坐标轴的惯性矩或惯性积,并不相同。当其中一对轴是图形的形心轴时,它们之间有比较简单的关系。现介绍这种关系的

表达式。

在图 2-7 中，C 为图形的形心，y_C 和 z_C 是通过形心的坐标轴。图形对形心轴 y_C 和 z_C 的惯性矩和惯性积分别记为

$$I_{y_C} = \int_A z_C^2 \mathrm{d}A$$

$$I_{z_C} = \int_A y_C^2 \mathrm{d}A$$

$$I_{y_C z_C} = \int_A y_C z_C \mathrm{d}A \qquad (2-13)$$

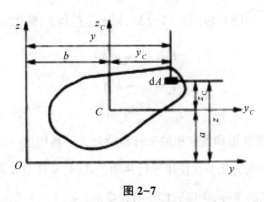

图 2-7

若 y 轴平行于 y_C，且两者的距离为 a；z 轴平行于 z_C，且两者的距离为 b，图形对 y 轴和 z 轴的惯性矩和惯性积应为

$$I_y = \int_A z^2 \mathrm{d}A$$

$$I_z = \int_A y^2 \mathrm{d}A$$

$$I_{yz} = \int_A yz \mathrm{d}A \qquad (2-14)$$

由图 2-7 显然可以看出

$$y = y_C + b$$

$$z = z_C + a \qquad (2-15)$$

将式(2-15)代入式(2-14)，得

$$I_y = \int_A z^2 \mathrm{d}A = \int_A (z_C + a)^2 \mathrm{d}A = \int_A z_C^2 \mathrm{d}A + 2a\int_A z_C \mathrm{d}A + a^2 \int_A \mathrm{d}A$$

$$I_z = \int_A y^2 \mathrm{d}A = \int_A (y_C + b)^2 \mathrm{d}A = \int_A y_C^2 \mathrm{d}A + 2b\int_A y_C \mathrm{d}A + b^2 \int_A \mathrm{d}A$$

$$I_{yz} = \int_A yz\mathrm{d}A = \int_A (y_C + b)(z_C + a)\mathrm{d}A$$

$$= \int_A y_C z_C \mathrm{d}A + a\int_A y_C \mathrm{d}A + b\int_A z_C \mathrm{d}A + ab\int_A \mathrm{d}A$$

在式 I_y、I_z 和 I_{yz} 中,$\int_A z_C \mathrm{d}A$ 和 $\int_A y_C \mathrm{d}A$ 分别为图形对形心轴 y_C 和 z_C 的静矩,其值等于零。$\int_A \mathrm{d}A = A$,如应用式(2-13),则 I_y、I_z 和 I_{yz} 简化为

$$I_y = I_{y_C} + a^2 A$$

$$I_z = I_{z_C} + b^2 A$$

$$I_{yz} = I_{y_C z_C} + abA \qquad (2-16)$$

式(2-16)为惯性矩和惯性积的平行移轴公式。利用这一公式可使惯性矩和惯性积的计算得到简化。在使用平行移轴公式时,要注意 a 和 b 是图形的形心在 yOz 坐标系中的坐标,所以它们是有正负的。

二、组合图形的惯性矩

由惯性矩定义可知,组合图形对某轴的惯性矩就等于组成它的各简单图形对同一轴惯性矩的和。简单图形对本身形心轴的惯性矩可通过积分或查表求得,再利用平行移轴公式便可求得它对组合图形形心轴的惯性矩。

在图形平面内,通过形心可以作无数根形心轴,图形对各轴惯性矩的数值各不相同。可以证明,平面图形对各通过形心轴的惯性矩中,必然有一极大值与极小值;具有极大值惯性矩的形心轴与具有极小值惯性矩的形心轴互相垂直;当互相垂直的两根形心轴有一根是图形的对称轴时,则图形对该对形心轴的惯性矩一为极大值,另一为极小值。

第四节 转轴公式、主惯性轴和主惯性矩

一、转轴公式

设一面积为 A 的任意形状图形如图 2-8 所示。已知图形对通过其上任意一点 O 的两坐标轴 x、y 的惯性矩和惯性积分别为 I_x、I_y 和 I_{xy}。若坐标轴 x、y 绕 O 点旋转 α 角（α 角以逆时针转向为正）至 x_1、y_1 位置，则该图形对新坐标轴 x_1、y_1 的惯性矩和惯性积分别为和 I_{x_1}、I_{y_1} 和 $I_{x_1y_1}$。

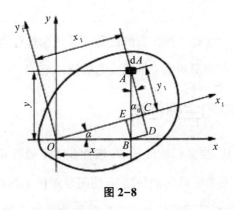

图 2-8

由图 2-8 可见，图形上任一面积元素 $\mathrm{d}A$ 在新、老两坐标系内的坐标（x_1, y_1）与（x, y）间的关系为

$$x_1 = \overline{OC} = \overline{OE} + \overline{BD} = x\cos\alpha + y\sin\alpha$$

$$y_1 = \overline{AC} = \overline{AD} - \overline{EB} = y\cos\alpha - x\sin\alpha$$

经过计算，展开并逐项积分后，即得该图形对坐标轴至 x_1 的惯性矩 I_{x_1} 为

$$I_{x_1} = \cos^2\alpha \int_A y^2 \mathrm{d}A + \sin\alpha \int_A x^2 \mathrm{d}A - 2\sin\alpha\cos\alpha \int_A xy\mathrm{d}A \qquad (2-17)$$

根据惯性矩和惯性积的定义，上式右端的各项积分分别为

$$\int_A y^2 \mathrm{d}A = I_x, \int_A x^2 \mathrm{d}A = I, \int_A xy \mathrm{d}A = I_{xy}$$

将其代入式(2-17)并改用二倍角函数的关系,即得

$$I_{x_1} = \frac{I_x + I_y}{2} + \frac{I_x - I_y}{2}\cos 2\alpha - I_{xy}\sin 2\alpha \qquad (2-18\mathrm{a})$$

同理

$$I_{y_1} = \frac{I_x + I_y}{2} + \frac{I_x - I_y}{2}\cos 2\alpha + I_{xy}\sin 2\alpha \qquad (2-18\mathrm{b})$$

$$I_{x_1 y_1} = \frac{I_x - I_y}{2}\sin 2\alpha + I_{xy}\sin 2\alpha \qquad (2-18\mathrm{c})$$

将式(2-18a)和(2-18b)两式相加,可得

$$I_{x_1} + I_{y_1} = I_x + I_y \qquad (2-19)$$

上式表明,图形对于通过同一点的任意一对相互垂直的坐标轴的两惯性矩之和为一常数,并等于图形对该坐标原点的极惯性矩。

二、主惯性轴和主惯性矩

由式(2-18)可知,当坐标轴旋转时,惯性积 I 将随着 α 角作周期性变化,且有正有负。因此,必有一特定的角度 α,使图形对该坐标轴 x_0、y_0 的惯性积等于零。图形对其惯性积等于零的一对坐标轴称为主惯性轴。图形对于主惯性轴的惯性矩称为主惯性矩。当一对主惯性轴的交点与图形的形心重合时称为形心主惯性轴。图形对形心主惯性轴的惯性矩称为形心主惯性矩。

为确定主惯性轴的位置,设 α_0 角为主惯性轴与原坐标轴之间的夹角,则将其代入惯性积的转轴公式(2-18c)并令其等于零,即

$$\frac{I_x - I_y}{2}\sin 2\alpha + I_{xy}\sin 2\alpha = 0$$

上式移项整理后,得

$$\tan 2\alpha_0 = \frac{-2I_{xy}}{I_x - I_y} \qquad (2-20)$$

由上式解得的 α_0 值,即为两主惯性轴中 x_0 轴的位置。将所得 α_0 值代入式(2-18a)和(2-18b),即为图形的主惯性轴。

【例2-3】求图2-9所示正方形图形对 y_1 轴的惯性矩。

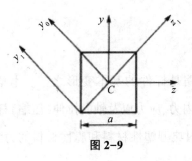

图 2-9

【解】首先计算正方形对通过其形心 C 的 z,y 轴的惯性矩 I_x、I_y 和惯性积 I_{xy}

$$I_z = I_y = \frac{a^4}{12}$$

$$I_{yz} = 0$$

利用转轴公式计算 I_{y_0}

$$I_{y_0} = \frac{I_x + I_y}{2} - \frac{I_x - I_y}{2}\cos2\alpha + I_{xy}\sin2\alpha$$

$$= \frac{\frac{a^4}{12} + \frac{a^4}{12}}{2} - \frac{\frac{a^4}{12} - \frac{a^4}{12}}{2}\cos2\alpha + 0 \times \sin2\alpha = \frac{a^4}{12}$$

$$I_{y_1} = I_{y_0} + \left(\frac{\sqrt{2}}{2}a\right) \times A = \frac{a^4}{12} + \frac{a^2}{2} \times a^2 = \frac{7a^4}{12}$$

第三章　轴向拉伸和压缩

轴向拉伸和轴向压缩是杆件的基本变形之一。本章首先介绍轴向拉伸（压缩）杆件横截面上的内力、应力以及轴向拉伸（压缩）杆件的变形，并引出胡克定律，其次介绍拉、压时典型塑性材料和脆性材料的力学性质和一些重要性能指标及其实验测定方法。

第一节　轴向拉伸与压缩的概念

在工程实际中，我们会经常遇到承受拉伸或压缩的杆件。例如，液压传动机构中的活塞杆在油压和工作阻力作用下受拉[图 3-1(a)]，内燃机的连杆在燃气膨胀行程中受压[图 3-1(b)]。此外，如起重机钢索在起吊重物时、拉床的拉刀在拉削工件时，都承受拉伸；千斤顶的螺杆在顶起重物时，则承受压缩。桁架中的杆件，则不是受拉便是受压。

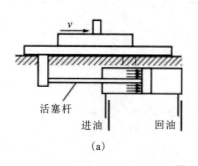
（a）

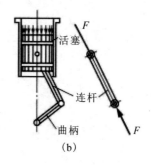
（b）

图 3-1

这些受拉或受压的杆件虽外形各有差异,加载方式也并不相同,但它们的共同特点是:作用于杆件上的外力合力的作用线与杆件的轴线重合,杆件变形是沿着轴线方向的伸长或缩短。所以,若把这些杆件的形状和受力情况简化(不考虑其端部的具体加载方式),都可以简化成如图 3-2 所示的受力简图。图中用双点画线表示变形后的形状。

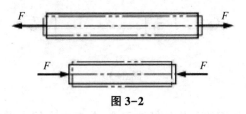

图 3-2

第二节 轴向拉伸和压缩横截面上的内力和应力

一、横截面上的内力

1.应用截面法

为了确定拉(压)杆横截面上的内力,我们采用截面法(图 3-3),即

(1)截。假设将杆件沿横截面 $m-m$ 截成两部分[图 3-3(a)]。

(2)取。取 $m-m$ 截面左段(或右段)作为研究对象。

(3)代。在 $m-m$ 截面上用分布内力的合力 F_N 代替其相互作用[图 3-3(b)或(c)]。

(4)平。由 $m-m$ 截面左段(或右段)的平衡条件 $\sum F_x = 0$,得

$$F_N - F = 0$$

$$F_N = F$$

平衡方程中 F_N 得正值,说明所假设 F_N 的方向正确。

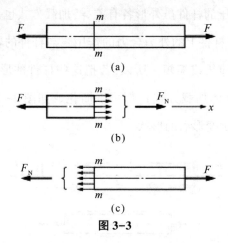

图 3-3

因为外力 F 的作用线与杆的轴线重合,分布内力的合力 F_N 的作用线也必然与杆的轴线重合,所以把轴向拉(压)杆的内力 F_N 称为轴力,并规定拉伸时的轴力为正,压缩时的轴力为负。

2.正向假定内力的方法

由于内力的方向是假设的,可能设错,而内力的符号规定与坐标无关。如果内力的方向设错,由平衡方程就会得出一个负号,而该负号只能说明假设的内力方向与实际的内力方向相反,至于内力是正的还是负的,要看原来内力方向是怎样设定的,这样就容易发生两种符号的混乱。为了把这两种符号统一起来,引入了正向假定内力的方法。

所谓正向假定内力的方法,即总假设所求截面上的内力为正的,结果得正即为正,得负即为负。

3.列写内力方程的简便方法

依据内力的符号规定,在正向假定内力的方法下,求杆件横截面的内力时,可省去截、取、代、平的过程,根据外力对内力的效应直接列写内力方程。

对于轴力方程 $F_N = \sum F_N$,显然有:取杆的那段列内力方程,指向该方向的外力将产生正的轴力,反之为负。

4.内力图

为了形象直观地表现内力沿杆轴线的变化情况,可绘制出内力的函数图像,称为杆件的内力图。

内力图的作法:沿杆件的轴线取横坐标表示杆件横截面的位置;纵坐标表示截面上内力的大小;选定比例尺;按内力方程描点作图,把正的内力画在轴的上方,负的内力画在轴下方。

【例3-1】图3-4(a)为一双压手铆机的示意图。作用于活塞杆上的力分别简化为 $F_1 = 2.62$ kN, $F_2 = 1.3$ kN, $F_3 = 1.32$ kN,计算简图如图3-4(b)所示。这里 F_1 和 F_2 分别是以压强 p_2 和 p_3 乘以作用面积得出的。试求活塞杆横截面1-1和2-2上的内力,并绘制活塞杆的内力图。

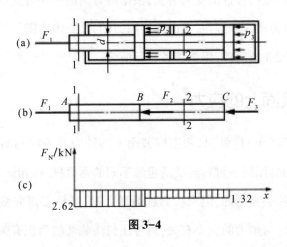

图 3-4

【解】(1)利用简便方法计算各横截面上的内力,求1-1截面上的轴力,取左段列写轴力方程:

$$F_{N_1} = -F_1 = -2.62 \text{ kN}$$

求2-2截面上的轴力,取右段列写轴力方程:

$$F_{N_2} = -F_3 = -1.32 \text{ kN}$$

(2)绘制内力图。

选取一个坐标系,其横坐标表示横截面的位置,纵坐标表示相应截面上的内力,选定比例尺,用图线表示出沿活塞杆轴线内力变化的情况[图3-4(c)]这种图线即内力图(或 F_N 图)。在内力图中,将拉力绘在 x 轴的上侧,压力绘在

x 轴的下侧,标上特征值。这样,内力图不仅显示出杆件各段内力的大小,而且可表示出各段内的变形是拉伸还是压缩。

5.轴力图特点

(1)在集中外力 F 作用处, F_N 图有突变,丨突变值丨 $=F$ 。

(2)无外力作用段, F_N 图为水平线。

(3)均布外力作用段, F_N 图为斜直线。

(4)图形为封闭的。

内力图的特点与杆件的受力有关,根据内力图的一些特点可以不列写内力方程,而根据内力的符号规定、正向假定内力的方法、内力图的特点直接画内力图。由于轴力图非常简单,留给读者自行演练。

二、横截面上的应力

对于轴向拉(压)杆件,只知道横截面上的轴力并不能判断杆件是否有足够的强度。例如,用同一材料制成的粗细不同的两根杆,在相同的拉力作用下,两杆的轴力自然是相同的,但当拉力逐渐增大时,细杆必定先被拉断。这说明拉杆的强度不仅与轴力的大小有关,而且还与横截面的面积有关。所以必须用横截面上的应力来比较和判断杆件强度。

在拉(压)杆的横截面上,与轴力 F_N 对应的应力是正应力 σ 。根据连续性假设,横截面上到处都存在着内力。若以 A 表示横截面面积,则微分面积 $\mathrm{d}A$ 上的内力元素 $\sigma\mathrm{d}A$ 组成一个垂直于横截面的平行力系,其合力就是轴力 F_N 。于是得静力关系

$$F_N = \int_A \sigma \mathrm{d}A$$

只靠上式的关系是不能确定应力 σ 的,只有知道 σ 在横截面上的分布规律后,才能完成上式的积分,所以求解应力的问题仅由静力平衡方程是无法确定的。

1.实验观察

为了求得 σ 的分布规律,必须从研究杆件的变形入手。拉伸变形前,在等直杆的侧面画上垂直于杆轴线的直线 ab 和直线 cd,如图 3-5 所示。拉伸变形后,发现 ab 和 cd 仍为直线,且仍然垂直于杆轴线,只是分别平行地移至 $a'b'$ 和 $c'd'$。即加力后观察到所有的线段都发生的是平移。

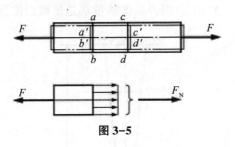

图 3-5

2.推理、假设

由横向线段的平移,可推论出整个横截面的平移。根据这一现象,提出如下假设:变形前原为平面的横截面,变形后仍保持为平面。这就是著名的平面假设。由这一假设可以推断,拉杆所有纵向纤维的伸长相等。

3.静力平衡

根据材料均匀、连续性的假设,各纵向纤维的性质相同,因而其受力也就一样。所以,杆件横截面上的内力是均匀分布的,即在横截面上各点处的正应力都相等,σ 等于常量。于是可得出

$$F_N = \int_A \sigma dA = \sigma \int_A dA = \sigma A$$

$$\sigma = \frac{F_N}{A} \qquad (3-1)$$

这就是拉杆横截面上正应力 σ 的计算公式。当 F_N 为压力时,它同样可用于压应力的计算。和轴力 F_N 的符号规则一样,规定拉应力为正,压应力为负。

4.关于式(3-1)的几点说明

(1)使用式(3-1)时,要求外力合力的作用线必须与杆件轴线重合。

(2)若轴力沿轴线变化,可先做出轴力图,再由式(3-1)分别求出不同截面

上的应力。

（3）若杆件横截面的尺寸也沿轴线缓慢变化时（图3-6），式（3-1）可近似写成

$$\sigma(x) = \frac{F_N(x)}{A(x)}$$

式中：$\sigma(x)$、$F_N(x)$、$A(x)$ 分别表示这些量都是横截面位置（坐标 x）的函数。

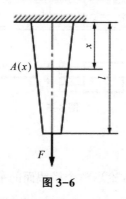

图 3-6

（4）因平面假设仅在轴向拉、压的均质等直杆距外力作用点稍远处才成立，故式（3-1）只在距外力作用点稍远处才适用。

（5）在外力作用点附近区域内，应力分布比较复杂，式（3-1）不适用。式（3-1）只能计算该区域内横截面上的平均应力，不能描述作用点附近应力的真实情况。这就引出杆端截面上外力作用方式不同，对应力分布将有多大影响的问题。实际上，在外力作用区域内，外力分布方式有多种可能，例如在图3-7（a）、（b）、（c）中，杆右端外力的作用方式就不同。如果用与外力系静力等效的合力系来代替原力系，则除在原力系作用区域内有明显差别外，在离外力作用区域略远处（例如，距离约等于截面尺寸处），上述代替的影响就非常微小，可以忽略不计。这就是著名的圣维南（Saint Venant）原理：若杆端两种荷载在静力学上是等效的，则离端部稍远处横截面上应力的差异甚微。根据这个原理，图3-7（a）、（b）、（c）中所示杆件，虽然两端外力的分布方式不同，但由于它们是静力等效的，则除靠近杆件两端的部分区域外，在离两端略远处（约等于横

截面的高度),三种情况的应力分布是完全一样的。所以,无论在杆件两端按哪种方式加力,只要其合力与杆件轴线重合,就可以把它们简化成相同的计算简图,如图 3-7 所示,在距杆端截面略远处都可用式(3-1)计算应力。

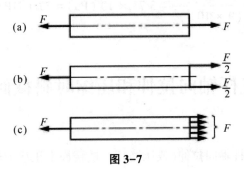

图 3-7

【例 3-2】汽车离合器踏板如图 3-8 所示。踏板所受压力 $F_1 = 400$ N,拉杆的直径 $D = 9$ mm,杠杆臂长 $L = 330$ mm,$l = 56$ mm,试求拉杆横截面上的应力。

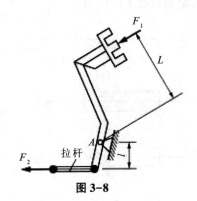

图 3-8

【解】(1)求拉杆上的外力 F_2 及轴力 F_N。

由 $\sum M_A = 0, F_1 L = F_2 L$

$$F_2 = \frac{F_1 L}{L} = \frac{400 \times 330 \times 10^{-3}}{56 \times 10^{-3}} = 2357 \text{ N}$$

由截面法可知,拉杆的轴力 $F_N = F_2$。

(2)求横截面上的正应力。

横截面上的正应力为

$$\sigma = \frac{F_N}{A} = \frac{F_2}{A} = \frac{F_2}{\frac{\pi}{4}D^4}$$

$$= \frac{4 \times 2357}{\pi (9 \times 10^{-3})^2} = 3.71 \times 10^7 (Pa) = 37.1 \ MPa$$

第三节　直杆轴向拉伸和压缩时斜截面上的应力

前面讨论了直杆轴向拉伸(或压缩)时,横截面上正应力的计算,以后将用这一应力作为强度计算依据。但对不同材料的实验表明,拉(压)杆的破坏并不都是沿横截面发生的,有时是沿斜截面发生的。为了更全面地研究拉(压)杆的强度,应进一步讨论斜截面上的应力。

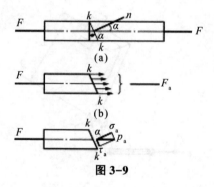

图 3-9

设直杆的轴向拉力为 F,如图 3-9(a)所示,横截面面积为 A,由式(3-1)可求得横截面上的正应力 σ 为

$$\sigma = \frac{F_N}{A} = \frac{F}{A}$$

设与横截面成 α 角的斜截面 k-k 的面积为 A_σ,A 与 A_σ 之间的关系应为

$$A_\sigma = \frac{A}{\cos\alpha} \qquad\qquad (3-2)$$

由截面法可知,斜截面 k-k 上的内力[图 3-9(b)]为

$$F_{\mathrm{a}} = F$$

仿照证明横截面上正应力均匀分布的方法,可知斜截面上的应力 p_{a} 也是均匀分布的,于是有

$$p_{\mathrm{a}} = \frac{F_{\mathrm{a}}}{A_\sigma} = \frac{F}{A_\sigma} \qquad (3-3)$$

由式(3-2)、式(3-3)可得

$$p_{\mathrm{a}} = \frac{F}{A}\cos\alpha = \sigma\cos\alpha \qquad (3-4)$$

把应力 p_{a} 分解成垂直于斜截面的正应力 σ_{a} 和相切于斜截面的切应力 τ_{a} [图 3-10(c)],得到

$$\sigma_{\mathrm{a}} = p_{\mathrm{a}}\cos\alpha = \sigma\cos^2\alpha \qquad (3-5)$$

$$\tau_{\mathrm{a}} = p_{\mathrm{a}}\sin\alpha = \frac{\sigma}{2}\sin2\alpha \qquad (3-6)$$

对切应力的符号做如下规定:绕保留部分内任一点成顺时针力矩的切应力为正,反之为负。

从式(3-5)、式(3-6)可见, σ_{a} 和 τ_{a} 都是 α 的函数,所以斜截面的方位不同,截面上的应力也就不同。下面讨论三种特殊情况。

(1)当 $\alpha = 0°$ 时,斜截面即垂直于轴线的横截面,其正应力达到最大值,切应力为零,即

$$\sigma_{\max} \mid_{\alpha = 0°} = \sigma, \tau_{\mathrm{a}} \mid_{\alpha = 0°} = 0$$

轴向拉(压)杆横截面上的正应力最大,切应力为零。

(2)当 $\alpha = 45°$ 时,切应力 τ_{a} 达到最大值,等于最大正应力的二分之一,即

$$\sigma_{\mathrm{a}} \mid_{\alpha = 45°} = \frac{\sigma}{2}, \tau_{\max} \mid_{\alpha = 45°} = \frac{\sigma}{2}$$

轴向拉(压)杆在 45°斜截面上切应力最大。

(3)当 $\alpha = 90°$ 时,正应力 σ_{a} 和切应力 τ_{a} 均为零,即

$$\sigma_{\mathrm{a}} \mid_{\alpha = 90°} = \tau_{\mathrm{a}} \mid_{\alpha = 90°} = 0$$

轴向拉(压)杆在平行于轴线的纵向截面上无任何应力。

第四节　材料在轴向拉伸和压缩时的力学性能

在对构件进行强度计算时,除计算其工作应力外,还应了解材料的力学性能。所谓材料的力学性能主要是指材料在外力作用下表现出的变形和破坏方面的特性。认识材料的力学性能主要是依靠实验的方法。

低碳钢和铸铁是工程中广泛使用的材料,其力学性能比较典型,下面我们主要以低碳钢和铸铁为塑性和脆性材料的代表,介绍材料在拉伸和压缩时的力学性能。

在室温下,以缓慢平稳加载方式进行的实验,称为常温、静载实验,它是确定材料力学性能的基本实验。

一、材料在拉伸时的力学性质

为了便于比较不同材料的实验结果,采用国家标准统一规定的标准试件。在试件上取 l 长作为实验段,称为标距,如图 3-10 所示。对圆截面试件,标距与直径 d 有两种比例,即 $l = 10d$ 和 $l = 5d$,分别称为 10 倍试件和 5 倍试件;对于矩形截面试件,标距 l 与横截面面积 A 之间的关系规定为 $l = 11.3\sqrt{A}$ 和 $l = 5.65\sqrt{A}$。对于试件的形状、加工精度、实验条件等在实验标准中都有具体规定。

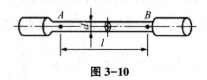

图 3-10

实验时使试件受轴向拉伸,观察试件从开始受力直到拉断的全过程,了解试件受力与变形之间的关系,以测定材料力学性能的各项指标。

1.低碳钢在拉伸时的力学性能

低碳钢一般是指碳的质量分数在 0.3% 以下的碳素钢。实验时把低碳钢试件装在实验机上,然后缓慢加载。实验机的示力盘上指出一系列拉力 F 的数值,对应着每一个拉力 F,同时可测出试件标距 l 的伸长量 Δl。以纵坐标表示拉力 F,横坐标表示伸长量 Δl。根据测得的一系列数据,做出表示 F 和 Δl 关系的曲线,如图 3–11 所示,称为拉伸图或 $F-\Delta l$ 曲线。

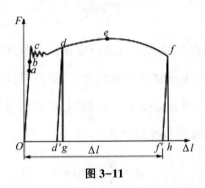

图 3–11

$F-\Delta l$ 曲线与试件的尺寸有关。为了消除试件尺寸的影响,拉力 F 除以试件横截面的原始面积 A,得出试件横截面上的正应力 $\sigma = \dfrac{F}{A}$;同时,伸长量 Δl 除以标距的原始长度 l,得到试件在工作段内的应变 $\varepsilon = \dfrac{\Delta l}{l}$。以 σ 为纵坐标、ε 为横坐标,作图表示 σ 与 ε 的关系(图 3-12),称为应力-应变图或 $\sigma - \varepsilon$ 曲线。

根据实验结果,低碳钢的力学性能大致如下:

(1)弹性阶段。在拉伸的初始阶段,σ 与 ε 的关系为直线 Oa,这表示在这一阶段内。σ 与 ε 成正比,即

$$\sigma \propto \varepsilon$$

或者把它写成等式

$$\sigma = E\varepsilon \qquad\qquad (3-7)$$

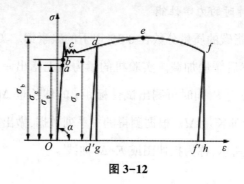

图 3-12

这就是拉伸或压缩时的胡克(Hooke)定律。式中,E 为与材料有关的比例常数,称为弹性模量,它表示材料的弹性性质,是材料抵抗弹性变形的能力,E 的值可通过实验测定。因为应变 ε 没有量纲,故 E 的量纲与 σ 相同。由公式(3-7),并从 $\sigma - \varepsilon$ 曲线的直线部分看出

$$E = \frac{\sigma}{\varepsilon} = \tan a$$

所以 E 是直线 Oa 的斜率。直线 Oa 的最高点 a 所对应的应力,用 σ_p 表示,称为比例极限。可见,当应力低于比例极限时,应力与应变成正比,材料服从胡克定律。

应力超过比例极限后,从 a 点到 b 点,σ 与 ε 之间的关系不再是直线,但变形仍然是弹性,即解除拉力后变形将完全消失。b 点所对应的应力是材料只出现弹性变形的极限值,称为弹性极限,用 σ_e 表示。在 $\sigma - \varepsilon$ 曲线上,a、b 两点非常接近,所以工程上对弹性极限和比例极限并不严格区分。因而也经常说,应力低于弹性极限时,应力与应变成正比,材料服从胡克定律。

在应力大于弹性极限后,如再解除拉力,则试件变形的一部分随之消失,但还遗留下一部分不能消失的变形,前者是弹性变形,而后者就是塑性变形或残余变形。

(2)屈服阶段。当应力超过 b 点增加到某一数值时,应变有非常明显的增加,而应力先是下降,然后做微小的波动,在 $\sigma - \varepsilon$ 曲线上出现接近水平线的小锯齿形线段。这种应力基本保持不变,而应变显著增加的现象,称为屈服或流

动。在屈服阶段内的最高应力和最低应力分别称为上屈服点和下屈服点。上屈服点的数值与试件形状、加载速度等因素有关,一般是不稳定的。下屈服点则有比较稳定的数值,能够反映材料的性能,通常把下屈服点称为屈服点或屈服极限,用 σ_S 来表示。

表面磨光的试件屈服时,表面将出现与轴线大致成 45° 的条纹,如图 3-13 所示,这是由于材料内部晶格之间相对滑移而形成的,称为滑移线。因为拉伸时在与轴线成 45° 的斜截面上,切应力为最大值,可见屈服现象的出现与最大切应力有关。

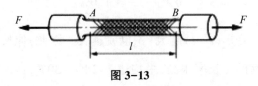

图 3-13

材料屈服时出现了显著的塑性变形,而构件出现塑性变形将影响机器的正常工作,所以屈服点 σ_S 是衡量材料强度的重要指标。

(3) 强化阶段。经过屈服阶段后,材料又恢复了抵抗变形的能力,要使它继续变形必须增加拉力。这种现象称为材料的强化。在图 3-13 中,强化阶段中的最高点 e 所对应的应力 σ_b 是材料所能承受的最大应力,称为强度极限或抗拉强度。它是衡量材料强度的另一重要指标。在强化阶段中,试件的横向尺寸明显缩小,其变形绝大部分是塑性变形。试件在前三个阶段中的变形是均匀的。

(4) 局部变形阶段。过 e 点后,在试件的某一局部范围内,横向尺寸突然急剧缩小,形成缩颈现象[图 3-14(a)]。由于在缩颈部分横截面面积迅速减小,使试件继续伸长所需要的拉力也相应减小,在应力-应变图中,用横截面原始面积 A 算出的应力 $\sigma = \dfrac{F}{A}$ 随之下降,降落到 f 点,试件被拉断,断口为“杯状”[图 3-14(b)]。

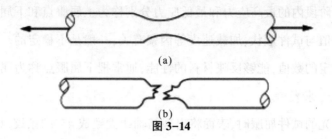

(a)

(b)

图 3-14

（5）伸长率和断面收缩率。试件拉断后,由于保留了塑性变形,试件长度由原来的变为 l_1。用百分比表示的比值

$$\delta = \frac{l_1 - l}{l} \times 100\% \qquad (3-8)$$

称为伸长率。塑性变形(l_1-l)越大,δ 也就越大。因此,伸长率是衡量材料塑性的指标。低碳钢的伸长率很高,平均值为 20%~30%,这说明低碳钢的塑性性能很好。

工程上通常按伸长率的大小把材料分成两大类:$\delta \geqslant 5\%$的材料称为塑性材料,如碳钢、黄铜、铝合金等;而 $\delta < 5\%$的材料称为脆性材料,如灰铸铁、玻璃、陶瓷等。

原始横截面面积为 A 的试件,拉断后缩颈处的最小截面面积为 A_1,用百分比表示的比值

$$\psi = \frac{A - A_1}{A} \times 100\% \qquad (3-9)$$

称为断面收缩率。ψ 也是衡量材料塑性的指标。

（6）卸载定律及冷作硬化。在低碳钢的拉伸实验中,如把试件拉到超过屈服点的 d 点(图 3-12),然后逐渐卸掉拉力,应力和应变关系将沿着斜直线 dd' 回到 d' 点,斜直线 dd' 近似平行于 Oa。这说明:在卸载过程中,应力和应变按直线规律变化,且在卸载过程中的弹性模量和加载时相同,这就是卸载定律。拉力完全卸掉后,在应力-应变图中,$d'g$ 表示消失了的弹性应变 ε_e,而 Od' 表示残余的塑性应变 ε_p,而且总应变 $\varepsilon = \varepsilon_e + \varepsilon_p$。

卸载后,如在短期内再次加载,则应力和应变大致沿卸载时的斜直线 dd' 变化,直到 d 点后,又沿曲线 def 变化。可见在再次加载时,直到 d 点以前材料的变形是弹性的,过 d 点后才开始出现塑性变形。比较图 3-12 中的 $Oabcdef$ 和 $d'def$ 两条曲线,可见在第二次加载时,其比例极限得到了提高,但塑性变形和伸长率有所降低,这种现象称为冷作硬化。冷作硬化现象经退火后又可消除。

工程上常利用冷作硬化来提高材料的弹性极限,如起重用的钢索和建筑用的钢筋,常用冷拔工艺以提高强度。又如对某些零件进行喷丸处理,使其表面发生塑性变形,形成冷硬层,以提高零件表面层的强度;零件初加工后,由于冷作硬化使材料变脆变硬,给下一步加工造成困难,且容易产生裂纹,往往需要退火,以消除冷作硬化的影响。

2.其他塑性材料在拉伸时的力学性能

工程上常用的塑性材料,除低碳钢外,还有中碳钢、某些高碳钢和合金钢、铝合金、青铜、黄铜等。图 3-15 所示为几种塑性材料的 $\sigma - \varepsilon$ 曲线。其中有些材料,如 16Mn 钢和低碳钢一样,有明显的弹性阶段、屈服阶段、强化阶段和局部变形阶段。有些材料没有屈服阶段和局部变形阶段,只有弹性阶段和强化阶段。

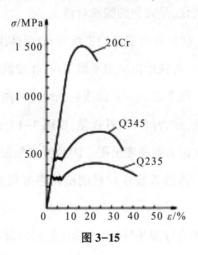

图3-15

对于没有明显屈服阶段的塑性材料,通常以产生 0.2% 的塑性应变所对应的应力作为屈服强度或条件屈服极限,用 $\sigma_{0.2}$ 来表示,如图 3-16 所示。

在各类碳素钢中,随碳含量的增加,屈服点和强度极限相应提高,但伸长率降低。例如合金钢、工具钢等高强度钢,其屈服点较高,但塑性性质较差。

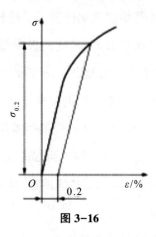

图 3-16

3.铸铁在拉伸时的力学性质

取标准试件,如图 3-10 所示。灰铸铁拉伸时的应力应变关系是一段微弯曲线,如图 3-17(a)所示,没有明显的直线部分,没有屈服和缩颈现象,拉断前的应力和应变都很小,伸长率也很小,断口平齐,如图 3-17(b)所示,断口处的横截面面积几乎没有变化,是典型的脆性材料。

由于铸铁的 $\sigma - \varepsilon$ 曲线没有明显的直线部分,弹性模量 E 的数值随应力的大小而变。但在工程中,铸铁的拉应力不能很高,在较低的拉应力下,则可近似地认为服从胡克定律。通常取 $\sigma - \varepsilon$ 曲线的割线代替曲线的开始部分,并以割线的斜率作为弹性模量,称为割线弹性模量,如图 3-17(a)所示。

铸铁拉断时的最大应力即强度极限。因为没有屈服现象,强度极限 σ_b 是衡量强度的唯一指标。铸铁等脆性材料的抗拉强度很低,所以不宜作为抗拉零件。

铸铁经球化处理成为球墨铸铁后,力学性能有显著变化,不但有较高的强度,还有较好的塑性性能。国内有不少工厂成功地用球墨铸铁代替钢材制造曲轴、齿轮等零件。

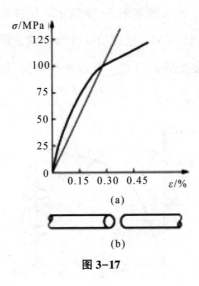

(a)

(b)

图 3-17

二、材料在压缩时的力学性能

金属的压缩试件一般制成很短的圆柱,以免被压弯,圆柱高度为直径的 1.5~3.0 倍。混凝土、石料的压缩试件则制成立方体。

低碳钢压缩时的 $\sigma - \varepsilon$ 曲线如图 3-18 所示。实验表明:低碳钢压缩时的弹性模量 E 和屈服点 σ_S 都与拉伸时大致相同。屈服阶段以后,试件越压越扁,横截面面积不断增大,试样抗压能力也继续增高,因而得不到压缩时的强度极限。由于可从拉伸实验测定低碳钢压缩时的主要性能,所以不一定要进行压缩实验。

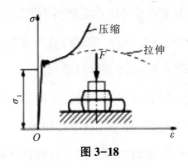

图 3-18

铸铁压缩时的 $\sigma - \varepsilon$ 曲线如图 3-19 所示。试件在较小的变形下突然破坏,破坏断面与轴线成 45°~55°,这表明试件沿斜截面因剪切而破坏。铸铁的抗压强度比它的抗拉强度高 4~5 倍。其他脆性材料,如混凝土、石料等,抗压强度也远高于抗拉强度。

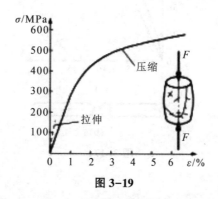

图 3-19

脆性材料抗拉强度低、塑性性能差,但抗压能力强,而且价格低,宜于作为抗压零件的材料。铸铁坚硬耐磨,易于浇铸成形状复杂的零部件,广泛应用于铸造机床床身、机座、缸体及轴承座等受压零部件。因此,其压缩实验比拉伸实验更为重要。

三、材料的塑性和脆性及其相对性

塑性材料和脆性材料是根据常温、静载下拉伸实验所得的伸长率的大小来区分的。在力学性质上的主要差别是:塑性材料的塑性指标较高,常用的强度指标是屈服点 σ_s(此时出现明显的塑性变形而不能正常工作),而且在拉伸和压缩时的屈服点值近似相同;脆性材料的塑性指标很低,其强度指标是强度极限 σ_b,而且拉伸强度极限很低,压缩强度极限很高。

材料是塑性的还是脆性的,并不是一成不变的,它是相对的。在常温、静载下具有良好塑性的材料,在低温、冲击荷载下可能表现出脆性性质。

随着材料科学的发展,许多材料都同时具有塑料材料和脆性材料的某些优点。汽车、拖拉机制造业中广泛采用工程塑料代替某些贵重的有色金属,不但降低了成本,而且减轻了车辆的自重。球墨铸铁、合金铸铁已广泛用于制造曲轴、连杆、变速器、齿轮等重要部件,这些材料不但具有成本低、耐磨和易浇铸成形等优点,而且具有较高的强度和良好的塑性性能。几种常用材料的主要力学性能列于表3-1中。

表 3-1 几种常用材料的主要力学性能

材料名称	牌号	σ_s/MPa	σ_b/MPa	δ_s/%	备注
碳素结构钢	Q215	215	335~450	26~31	对应旧牌号 A2
	Q235	235	375~500	24~26	对应旧牌号 A3
	Q255	255	410~550	19~24	对应旧牌号 A4
	Q275	275	490~630	15~20	对应旧牌号 A5
优质碳素结构钢	25	275	450	23	25 号钢
	35	315	530	20	35 号钢
	45	355	600	16	45 号钢
	55	380	645	13	55 号钢
优质碳素结构钢	Q390	390	530	18	—
	Q345	345	510	21	
合金结构钢	20Cr	540	835	10	20 铬
	40Cr	785	980	9	40 铬
	30CrMnSi	885	1080	10	30 铬锰硅
铸铁	ZG200-400	200	400	25	—
	ZG270-500	270	500	18	
灰铸铁	HT150	—	150	—	σ_b 为 $\sigma_{t,b}$
	HT250		250		σ_b 为 $\sigma_{t,b}$
铝合金	ZA12	274	412	19	硬铝

第五节 许用应力、安全因数和强度条件

由脆性材料制成的构件,在拉力作用下,变形很小时就会突然断裂;塑性材料制成的构件,在拉断之前已出现明显的塑性变形,由于不能保持原有的形状和尺寸,它已不能正常工作,即失效。因此,可以把断裂和出现明显的塑性变形

统称为破坏,这些破坏现象都是强度不足造成的。这里主要讨论轴向拉压时杆件的强度问题。

一、许用应力和安全因数

我们把材料破坏时的应力称为极限应力,用 σ_b 表示。脆性材料断裂时的应力是强度极限 σ_b,因此,对于脆性材料取强度极限 σ_b 作为极限应力;塑性材料屈服时出现明显的塑性变形,此时的应力是屈服点,故此,对于塑性材料取屈服点 σ_S(或 $\sigma_{0.2}$)为其极限应力。

为了保证构件有足够的强度,构件在荷载作用下,最大的实际工作应力显然应低于其极限应力,而在强度计算中,为了保证构件正常、安全地工作并具有必要的强度储备,把极限应力除以一个大于 1 的因数,并将结果称为许用应力,用 $[\sigma]$ 表示,即

$$[\sigma] = \frac{\sigma}{n} = \begin{cases} \dfrac{\sigma_S}{n_S} & \text{塑性材料} \quad (3-10) \\[2ex] \dfrac{\sigma_b}{n_b} & \text{脆性材料} \quad (3-11) \end{cases}$$

式中:大于 1 的因数 n_S 或 n_b 称为安全因数。

安全因数不能简单理解为安全倍数,因为安全因数一方面考虑给构件必要的强度储备,如构件工作时可能遇到的不利的工作条件和意外事故,构件的重要性及损坏时引起后果的严重性等;另一方面考虑在强度计算中有些量本身就存在着主观认识和客观实际间的差异,如材料的均匀程度、荷载的估计是否准确、实际构件的简化和计算方法的精确程度、对减轻自重和提高机动性的要求等。可见在确定安全因数时,要综合考虑多方面的因素,对具体情况做具体分析,很难做统一的规定。不过,人类对客观事物的认识总是逐步地从不完善趋向完善,随着原材料质量的日益提高,制造工艺和设计方法的不断改进,人类对客观世界认识的不断深入,安全因数的选择必将日趋合理。

许用应力和安全因数的具体数据,有关业务部门有一些规范可供参考。目

前,一般机械制造中,在静载的情况下,对塑性材料可取 $n_s=1.2\sim2.5$;对于脆性材料,由于其均匀性较差,且破坏往往突然发生,有更大的危险性,所以,取 $n_b=2.0\sim3.5$,甚至取 $3\sim9$。

二、强度条件及其应用

为了保证构件安全可靠地正常工作,必须使构件内最大工作应力不超过材料的许用应力,即

$$\sigma_{max}\leqslant[\sigma] \tag{3-12}$$

称为强度条件。对于轴向拉压等直杆,式(3-12)可简写为

$$\sigma_{max}\leqslant\frac{F_{N,max}}{A}\leqslant[\sigma] \tag{3-13}$$

强度条件是判别构件是否满足强度要求的准则。这种强度计算的方法是工程上普遍采用的许用应力法,可以解决以下三类强度计算问题:

(1)强度校核。若已知构件尺寸、荷载及材料的许用应力,则可用强度条件式(3-13)校核构件是否满足强度要求。

(2)设计截面。若已知构件所受的荷载及材料的许用应力,则可由强度条件式(3-13)得

$$A\geqslant\frac{F_{N,max}}{[\sigma]}$$

由此确定出构件所需要的横截面面积。

(3)确定许可荷载。若已知构件的尺寸和材料的许用应力,可由强度条件式(3-13)得

$$F_{N,max}\leqslant A[\sigma]$$

由此可以确定构件所能承担的最大轴力,进而确定结构的许可荷载。

下面我们用例题说明上述三种类型的强度计算问题。

【例3-3】铸工车间吊运铁液包的吊杆的横截面尺寸如图3-20所示。吊杆材料的许用应力 $[\sigma]=80$ MPa。铁液包自重为 8 kN,最多能容 30 kN 的铁

液。试校核吊杆的强度。

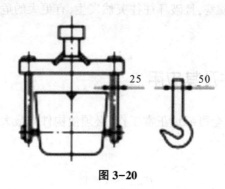

图 3-20

【解】因为总荷载由两根吊杆来承担,故每根吊杆的轴力应为

$$F_N = \frac{F}{2} = \frac{1}{2} \times (30 + 8) = 19 \text{ kN}$$

吊杆横截面上的应力为

$$\sigma = \frac{F_N}{A} = \frac{19 \times 10^3}{25 \times 50 \times 10^{-6}} = 1.52 \times 10^7 \text{ Pa} = 15.2 \text{ MPa}$$

$$\sigma < [\sigma]$$

故吊杆满足强度条件。

第六节　轴向拉伸和压缩时的变形

一、纵向变形和横向变形

杆件在轴向拉伸(或压缩)时,产生轴向伸长(或缩短),其横向尺寸也相应地发生缩小(或增大),前者称为纵向变形,后者称为横向变形。

设等直杆的原长为 l(图 3-21),横截面面积为 A,在轴向拉力 F 作用下,长度由 l 变为 l_1,轴向伸长量为

$$\Delta l = l_1 - l$$

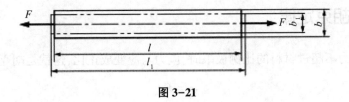

图 3-21

杆件沿轴线方向的线应变为

$$\varepsilon = \frac{\Delta l}{l}$$

若杆件变形前的横向尺寸为 b，变形后为 b_1，则横向线应变为

$$\varepsilon' = \frac{\Delta b}{b} = \frac{b_1 - b}{b}$$

实验结果表明：当应力不超过比例极限时，横向应变 ε' 与纵向应变 ε 之比的绝对值是一个常数，即

$$\mu = \left| \frac{\varepsilon'}{\varepsilon} \right|$$

常数 μ 称为泊松（Poisson）比，是一个量纲为 1 的量。

当杆件轴向伸长时，则横向缩小；轴向缩短时，则横向增大。所以 ε' 和 ε 的符号是相反的，且有以下关系

$$\varepsilon' = -\mu\varepsilon$$

泊松比 μ 和弹性模量 E 一样，是材料固有的弹性常数，表 3-2 中摘录了几种常用材料的 E 和 μ 的约值。

表 3-2　几种常用材料的 E 和 μ 的约值

材料名称	E/GPa	μ
碳钢	196~216	0.24~0.28
合金钢	186~206	0.25~0.30
灰铸铁	78.5~157	0.23~0.27
铜及其合金	72.6~128	0.31~0.42
铝合金	70	0.33

二、胡克定律

当应力不超过材料的比例极限时,应力与应变成正比,这就是胡克定律,即

$$\sigma = E\varepsilon$$

将 $\sigma = \dfrac{F_N}{A}$ 和 $\varepsilon = \dfrac{\Delta l}{l}$ 和代入上式,得

$$\Delta l = \frac{F_N l}{EA} \tag{3 - 14}$$

这是胡克定律的另一种表达式。它表示:当应力不超过比例极限时,杆件的伸长 Δl 与轴力 F_N 和杆件原长 l 成正比,与横截面面积 A 成反比。以上结果同样可以用于轴向压缩的情况。

从式(3-14)还可以看出,对于长度相同,受力相等的杆件,EA 越大则变形 Δl 越小,所以 EA 称为杆件的抗拉(或抗压)刚度。

关于式(3-14)的几点说明:

(1)当杆件的轴力 F_N、横截面面积 A 和弹性模量 E 沿杆轴线分段为常数时,则在每一段上应用式(3-14),然后叠加。即

$$\Delta l = \sum_{i=1}^{n} \frac{F_{N_i} l}{E_i A_i} \tag{3 - 15}$$

(2)当杆件的轴力 $F_N(x)$ 或横截面面积 $A(x)$ 沿轴线是连续变化时,可先在微段 dx 上应用式(3-14),然后积分。即

$$\Delta l = \int_i \frac{F_N(x)\,dx}{EA(x)} \tag{3 - 16}$$

【例3-4】图3-22(a)所示钢杆,已知 $F_1 = 50$ kN, $F_2 = 20$ kN, $l_1 = 120$ mm, $l_2 = l_3 = 100$ mm,横截面面积 $A_{1-1} = A_{3-2} = 500$ mm^2, $A_{3-3} = 250$ mm^2,材料的弹性模量 $E = 200$ GPa。求 B 截面的水平位移和杆内最大纵向线应变。

【解】(1)计算各段轴力,并画出轴力图。用截面法,可分别求出杆件各段的轴力为

$$F_{N_1} = -30 \text{ kN}$$

$$F_{N_1} = 20 \text{ kN}$$

$$F_{N_1} = 20 \text{ kN}$$

其轴力图如图 3-22(b)所示。

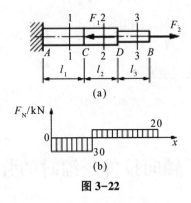

(a)

(b)

图 3-22

(2)计算 B 截面的水平位移。B 截面水平位移是由各段纵向变形引起的，因此 AB 杆的纵向变形量即 B 截面的水平位移。由图 3-22 可知,杆件各段的轴力及横截面面积分段为常数,故此用式(3-15)可得

$$\Delta l = \sum_{i=1}^{3} \frac{F_{N_i} l}{E_i A_i} = \Delta l_1 + \Delta l_2 + \Delta l_3$$

$$\Delta l_1 = \frac{F_{N_1} l_1}{EA_1} = \frac{-30 \times 10^3 \times 120 \times 10^{-3}}{200 \times 10^9 \times 500 \times 10^{-6}} = -3.6 \times 10^{-5} \text{ m}$$

而

$$\Delta l_2 = \frac{F_{N_2} l_2}{EA_2} = \frac{20 \times 10^3 \times 100 \times 10^{-3}}{200 \times 10^9 \times 500 \times 10^{-6}} = 2 \times 10^{-5} \text{ m}$$

$$\Delta l_3 = \frac{F_{N_3} l_3}{EA_3} = \frac{20 \times 10^3 \times 100 \times 10^{-3}}{200 \times 10^9 \times 250 \times 10^{-6}} = 4 \times 10^{-5} \text{ m}$$

所以 B 截面水平位移是杆件各段纵向变形的总和,即

$$\Delta_{BH} = \Delta l = \Delta l_1 + \Delta l_2 + \Delta l_3 = 0.024 \text{ mm}$$

(3)计算杆内最大纵向线应变。由于杆件内各段轴力、横截面面积分段为

常数,故各段的变形互不相同,其纵向应变也不相同。各段的纵向应变分别为

$$\varepsilon_1 = \frac{\Delta l_1}{l_1} = \frac{-3.6 \times 10^{-5}}{120 \times 10^{-3}} = -3.0 \times 10^{-4}$$

$$\varepsilon_2 = \frac{\Delta l_2}{l_2} = \frac{2.0 \times 10^{-5}}{100 \times 10^{-3}} = 2.0 \times 10^{-4}$$

$$\varepsilon_3 = \frac{\Delta l_3}{l_3} = \frac{4.0 \times 10^{-5}}{100 \times 10^{-3}} = 4.0 \times 10^{-4}$$

因此,杆内最大纵向线应变为

$$\varepsilon_{max} = \varepsilon_3 = 4.0 \times 10^{-4}$$

第七节　轴向拉伸压缩时的弹性变形

一、变形能的概念和功能原理

弹性体在外力作用下将发生弹性变形,外力将在相应的位移上做功。与此同时,外力所做的功将转变为储存在弹性体内的能量。当外力逐渐减小时,变形也逐渐恢复,弹性体又将释放出储存的能量而做功。这种在外力作用下,因弹性变形而储存在弹性体内的能量称为弹性变形能或应变能。例如,内燃机气阀开启时,气阀弹簧因受摇臂压力作用发生压缩变形而储存能量,当压力逐渐减小时,弹簧变形逐渐恢复,弹簧又释放出能量为关闭气阀而做功。如果忽略变形过程中的其他能量(如热能、动能等)的损失,可以认为储存在弹性体内的变形能 U 在数值上等于外力所做的功 W,即

$$U = W$$

这就是功能原理。

二、轴向拉伸和压缩杆的变形能和比能

设受拉杆件上端固定[图 3-23(a)],作用于下端的拉力 F 缓慢地由零增

加到 F,在应力小于比例极限的范围内,拉力 F 与伸长的关系是一条斜直线,如图 3-23(b)所示,在逐渐加力的过程中,当拉力为 F_1 时,杆件的伸长为 Δl_1。如果再增加一个 $\mathrm{d}F_1$,杆件相应的变形增量为 $\mathrm{d}(\Delta l_1)$。于是,已经作用于杆件上的 F_1,因位移 $\mathrm{d}(\Delta l_1)$ 而做功,且所做的功为

$$\mathrm{d}W = F_1 \mathrm{d}(\Delta l_1)$$

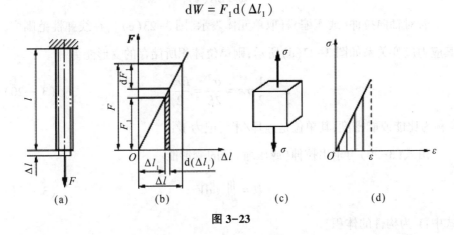

图 3-23

容易看出 $\mathrm{d}W$ 等于图 3-23(b)中画阴影线部分的微分面积。把拉力 F 看作一系列 $\mathrm{d}F_1$ 的积累,则拉力 F 所做的总功 W 应为上述微分面积的总和。即 W 等于 F-Δl 曲线下面的面积。因为在弹性范围内,F-Δl 曲线为一斜直线,故有

$$W = \frac{1}{2}F\Delta l$$

根据功能原理,外力 F 所做的功在数值上等于杆件内部储存的变形能。因此拉杆的弹性变形能 U 为

$$U = W = \frac{1}{2}F\Delta l$$

由胡克定律 $\Delta l = \dfrac{F_N l}{EA}$ 及 $F_N = F$,弹性变形能 U 应为

$$U = W = \frac{1}{2}F_N\Delta l = \frac{F_N^2 l}{2EA} \tag{3-17}$$

变形能的单位和外力功的单位相同,都是焦耳。

若杆的轴力 F_N,截面面积 A 和材料弹性模量 E 分段为常数或连续变化,则

变形能的计算式(3-17)可写成下式

$$U = \sum_{i=1}^{n} \frac{F_{N_i}^2 l_i}{2E_i A_i} \qquad (3-18)$$

$$U = \int_0^1 \frac{F_N^2(x)\,\mathrm{d}x}{2EA(x)} \qquad (3-19)$$

若对轴向拉伸(或压缩)杆取单元体表示[图3-23(c)],在线弹性范围内,其应力应变关系如图3-23(d)所示,则单位体积所储存的变形能为

$$u = \frac{1}{2}\sigma\varepsilon = \frac{\sigma^2}{2E} = \frac{E\varepsilon^2}{2} \qquad (3-20)$$

u 称为比能或能密度,其单位是焦耳/米^3,记为 J/m^3。

由式(3-20)可求出拉伸(或压缩)杆的变形能

$$U = \iiint_V u\,\mathrm{d}V \qquad (3-21)$$

式中:V 为构件的体积。

由 U、u 的计算式可以看出,变形能是荷载的二次函数,在计算变形能时不满足叠加原理。

利用功能原理可导出的一系列的方法,称能量法,应用能量法可计算任意结构、任意截面、任意点、任意方向的位移。

若结构上只有一个做功力,且仅求力作用点沿力作用方向的位移,可由式(3-17)直接求得。

【例3-5】简易起重机如图3-24所示。BD 杆为无缝钢管,外径90 mm,壁厚2.5 mm,杆长 $l=3$ m,弹性模量 $E=210$ GPa。BC 是两条横截面面积为171.82 mm^2 的钢索,弹性模量 $E=177$ GPa,荷载 $F=30$ kN。若不考虑立柱的变形,试求 B 点的垂直位移。

【解】从三角形 BCD 中解出 BC 和 CD 的长度分别为

$$BC = l_1 = 2.20 \text{ m}, CD = 1.55 \text{ m}$$

算出 BC 和 BD 两杆的横截面面积分别为

$$A_1 = 2 \times 171.82 = 344 \text{ mm}^2$$

$$A = \frac{\pi}{4}(90^2 - 85^2) = 687 \ \text{mm}^2$$

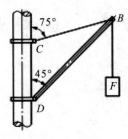

图 3–24

由 *BD* 杆的平衡条件,求得钢索 *BC* 的拉力为

$$F_{N_1} = 1.41F$$

BD 杆的压力为

$$F_{N_2} = 1.93F$$

把简易起重机看作是由 *BC* 和 *BD* 两杆组成的简单弹性杆系,当荷载 *F* 从零开始缓慢地作用于杆系上时,*F* 与 *B* 点垂直位移 δ 的关系是线性的,*F* 所做的功为

$$W = \frac{1}{2}F\delta$$

F 所做的功在数值上应等于杆的变形能,亦即等于 *BC* 和 *BD* 两杆变形能的总和。故

$$\frac{1}{2}F\delta = \frac{F_{N_1}^2 l_1}{2E_1 A_1} + \frac{F_{N_1}^2 l}{2EA}$$

$$= \frac{(1.41F)^2 \times 2.20}{2 \times 177 \times 10^9 \times 344 \times 10^{-6}} + \frac{(1.93F)^2 \times 3}{2 \times 210 \times 10^9 \times 687 \times 10^{-4}}$$

由此求得

$$\delta = \left(\frac{1.41^2 \times 2.20}{177 \times 10^9 \times 344 \times 10^{-6}} + \frac{1.93^2 \times 3}{210 \times 10^9 \times 344 \times 10^{-6}}\right)F = 14.93 \times 10^{-8}F$$

$$= 14.93 \times 10^{-8} \times 30 \times 10^5 = 4.49 \times 10^{-2} \ \text{m}$$

第四章　圆轴扭转

第一节　薄壁圆筒的扭转

一、薄壁圆筒扭转时的切应力

如图 4-1(a)所示的薄壁圆筒,其厚度 δ 远小于平均半径 r(一般要求满足)$\leqslant r/10$)。受扭前,在其表面等间距地画上纵向线与圆周线形成矩形方格,然后在圆筒两端缓慢施加一对大小相等、方向相反的扭力偶矩 M。圆筒的外部变形如图 4-1(b)所示,其现象如下:各圆周线的形状不变,仅绕轴线做相对旋转;而当变形很小时,圆周线的大小与间距也不变,纵向线倾斜同一角度,所有矩形网格均变为同样大小的平行四边形。

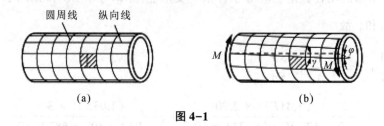

图 4-1

以上所述为圆筒的表面变形情况。由于筒壁很薄,也可近似认为筒内变形与筒表面变形相同。于是,如果用相距无限近的两个横截面以及夹角无限小的两个径向纵截面,从圆筒中切取一微体 $acdb$(图 4-2),则上述现象表明:微体既无轴向正应变,也无横向正应变,只是相邻横截面 $a-b$ 与 $c-d$ 之间发生相对错动,即仅产生剪切变形;而且,所有微体沿圆周方向的剪切变形均相同。

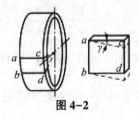

图 4-2

由此可见,在圆筒横截面上的各点处,仅存在垂直于半径方向的切应力(图 4-3),它们沿圆周分布大小不变,而且,由于筒壁很薄可近似认为沿壁厚均匀分布。

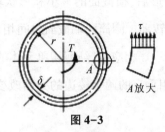

图 4-3

设圆筒的平均半径为 r,壁厚为 δ(图 4-4),则作用在微面积 $dA = \delta r d\theta$ 上的微剪力为 $\tau\delta r d\theta$,它对轴线 O 的力矩为 $r \cdot \tau\delta r d\theta$。由静力学可知,横截面上所有微力矩之和,应等于该截面的扭矩 T,即

$$T = \int_0^{2\pi} \tau\delta r^2 d\theta = 2\pi r^2 \tau\delta$$

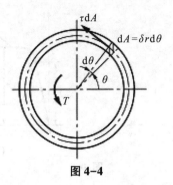

图 4-4

由此得

$$\tau = \frac{T}{2\pi r^2 \delta} = \frac{T}{2A_0 \delta} \tag{4-1}$$

式中:A_0为由平均半径围成的圆的面积。式(4-1)即薄壁圆筒扭转切应力的计算公式。精确分析表明,当$\delta \leqslant \frac{r}{10}$时,该公式足够精确,最大误差不超过4.53%。

二、切应力与切应变的关系

薄壁圆筒发生扭转变形后,横截面的大小和形状均保持不变,只是相互间绕圆筒轴线x轴发生相对转动。圆筒两端截面之间相对转动的角位移,称为相对扭转角,如图4-1(b)所示。相应地,纯剪切单元体的两个相对的侧面也将发生微小的错动,使原来互相垂直的两个棱边的夹角改变了一个微量γ,γ即切应变。

通过薄壁圆筒的扭转实验,可以得到材料在纯剪切下的应力-应变关系。图4-5(b)所示为低碳钢材料的$\tau - \gamma$曲线。实验结果表明,$\tau - \gamma$曲线与$\sigma - \varepsilon$曲线相似。$\tau - \gamma$曲线上OA段为一直线,表明当切应力不超过材料的切应力比例极限时,切应力与切应变成正比,记为

$$\tau = G\gamma \tag{4-2}$$

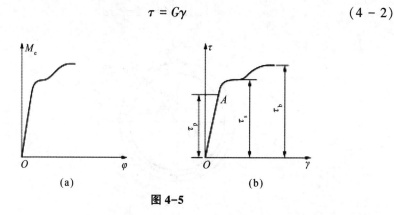

(a)   (b)

图 4-5

如图 4-5(b)所示,在曲线上过了 *A* 点以后,当切应力达到切应力屈服极限时,也出现屈服现象,即扭矩几乎不变,而扭转角继续增大。对于低碳钢等塑性材料,可由扭转实验得到剪切屈服极限与拉伸屈服极限之间的关系。屈服终止后,也会出现强化现象。

对于各向同性材料的三个弹性常数,即弹性模量 *E*、泊松比 *u* 和切变模量 *G*,三者之间有下列关系:

$$G = \frac{E}{2(1+u)} \tag{4-3}$$

可见,三个弹性常数中,只要知道任意两个,即可由式(4-3)确定第三个。

第二节　圆轴的扭转应力

与薄壁圆筒相似,在小变形的条件下,等直圆轴在扭转时,其横截面上也只有切应力,为求此切应力,需根据圆轴扭转变形的特点,综合研究几何、物理和静力学三方面的关系,建立圆轴扭转时的切应力公式。

一、圆轴扭转的变形特点

与薄壁圆筒相似,先在圆轴表面用圆周线和纵向线画成方格,然后在两端施加一对外力偶,使其产生扭转变形,可观察到与薄壁圆筒扭转时相似的变形现象,如图 4-6(a)所示。实验结果表明,两相邻圆周线绕轴线相对旋转了一个角度,纵向线也倾斜了一个角度,圆周线的大小和形状均未改变,两相邻圆周线的间距也未发生变化。由此可做如下假设:在圆轴扭转变形的过程中,横截面变形后仍保持为平面,其形状和大小均不变,半径仍保持为直线,相邻两横截面间的距离不变。这就是圆轴扭转的平面假设。按照这一假设,在扭转变形中,圆轴的横截面如同刚性平面,绕圆轴的轴线旋转了一个角度。

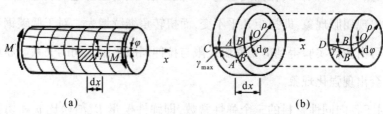

图 4-6

二、圆轴的扭转应力计算

1.几何关系

上述假设说明了圆轴变形的总体情况。为了确定横截面上各点处的应力，需要了解轴内各点处的变形。为此，取相距 dx 两个横截面以及夹角无限小的两个径向纵截面，如图 4-7(a)所示，从轴内切取一楔形体 O_1BCDO_2 来分析。

根据上述假设，楔形体的变形如图 4-7(a)中虚线所示，轴表面的矩形 $ABCD$ 变为平行四边形 $ABC'D'$，的任一矩形 $abcd$ 变为平行四边形 $abc'd'$，即均在垂直于半径的平面内产生剪切变形。

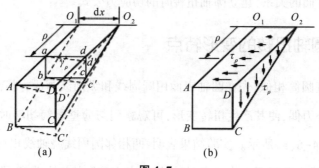

图 4-7

设上述楔形体左、右两端横截面间的相对转角即扭转角为 $d\varphi$，矩形 $abcd$ 的切应变为 γ_ρ，则由图 4-7(a)可知

$$\gamma_\rho \approx \tan\gamma_\rho = \frac{\overline{dd'}}{\overline{ad}} = \frac{\rho d\varphi}{dx}$$

$$\gamma_\rho = \rho \frac{\mathrm{d}\varphi}{\mathrm{d}x}$$

2.物理方面

由剪切胡克定律可知,在剪切比例极限内,切应力与切应变成正比,所以,横截面上 ρ 处的切应力为

$$\tau_\rho = G\rho \frac{\mathrm{d}\varphi}{\mathrm{d}x} \qquad\qquad (4-4)$$

而其方向则垂直于该点处的半径,如图4-7(b)所示。

式(4-4)表明:扭转切应力沿截面径向线性变化,实心与空心圆轴的扭转切应力分布分别如图4-8(a)、(b)所示。

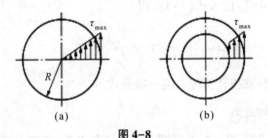

图4-8

3.静力学方面

如图4-9所示,在距圆心 ρ 处的微面积 $\mathrm{d}A$ 上作用有微剪力 $\tau_\rho \mathrm{d}A$,它对圆心 O 的力矩为 $\rho\tau_\rho \mathrm{d}A$ 。在整个横截面上,所有微内力矩之和应等于该截面的扭矩,即

$$\int_A \rho\tau_\rho \mathrm{d}A = T$$

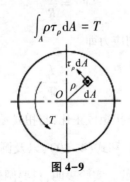

图4-9

将式(4-5)代入上式,得

$$G \frac{\mathrm{d}\varphi}{\mathrm{d}x} \int_A \rho^2 \mathrm{d}A = T$$

式中,积分 $\int_A \rho^2 \mathrm{d}A$ 仅与截面尺寸有关,称为截面的极惯性矩,并用 I_ρ 表示,即

$$I_\rho = \int_A \rho^2 \mathrm{d}A \qquad (4-6)$$

于是得

$$\frac{\mathrm{d}\varphi}{\mathrm{d}x} = \frac{T}{GI_\rho} \qquad (4-7)$$

式(4-7)即为圆轴扭转变形的基本公式。

最后,将式(4-7)代入式(4-5),得

$$\tau_\rho = \frac{T_\rho}{I_\rho} \qquad (4-8)$$

式(4-8)即圆轴扭转切应力的一般公式。

4.最大扭转切应力

由式(4-8)可知,在 $\rho = R$ 即圆截面边缘各点处,切应力最大,其值为

$$\tau_{\max} = \frac{TR}{I_\rho} = \frac{T}{I_\rho/R}$$

式中,比值 I_ρ/R 是一个仅与截面尺寸有关的量,称为扭转截面系数,并用 W_ρ 表示,即

$$W_\rho = \frac{I_\rho}{R} \qquad (4-9)$$

于是,圆轴扭转的最大切应力即

$$\tau_{\max} = \frac{I_\rho}{W_\rho} \qquad (4-10)$$

可见,最大扭转切应力与扭矩成正比,与扭转截面系数成反比。

圆轴扭转应力公式(4-8)和式(4-10),以及圆轴扭转变形公式(4-7),都是在平面假设的基础上建立的。实验表明,只要圆轴内的最大扭转切应力不超

过材料的剪切比例极限,上述公式的计算结果与实验结果一致。这说明,本节所述基于平面假设的圆轴扭转理论是正确的。

三、极惯性矩与扭转截面系数

现在研究圆截面的极惯性矩与扭转截面系数的计算公式。

1.空心圆截面

如图 4-10 所示,对于内径为 d、外径为 D 的空心圆截面,若以径向尺寸为 $d\rho$ 的圆环形面积为微面积,即取

$$dA = 2\pi\rho d\rho$$

则由式(4-6)可知,空心圆截面的极惯性矩为图 4-10 空心圆截面

$$I_\rho = \int_{\frac{d}{2}}^{\frac{D}{2}} \rho^2 \cdot 2\pi\rho d\rho = \frac{\pi}{32}(D^4 - d^4) = \frac{\pi D^4}{32}(1 - a^4) \qquad (4-11)$$

式中:$a = d/D$,代表内、外径的比值。

而由式(4-9)可知,其扭转截面系数为

$$W_\rho = \frac{I_\rho}{D/2} = \frac{\pi D^3}{16}(1 - a^4) \qquad (4-12)$$

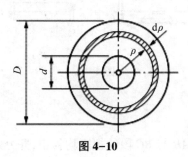

图 4-10

2.实心圆截面

对于直径为 d 的圆截面,取 $\alpha = 0$,实心圆截面的极惯性矩为

$$I_\rho = \frac{\pi d^4}{32} \qquad (4-13)$$

而其扭转截面系数则为

$$W_\rho = \frac{\pi d^3}{16} \qquad\qquad (4-14)$$

3.薄壁圆截面

对于薄壁圆截面,由于其内、外径的差值很小,式(4-6)中的 ρ 可用平均半径 R_0 代替,即

$$I_\rho = \int_A \rho^2 \mathrm{d}A \approx R_0^2 \int_A \mathrm{d}A$$

由此得薄壁圆截面的极惯性矩为

$$I_\rho = 2\pi R_0^3 \delta \qquad\qquad (4-15)$$

而其扭转截面系数则为

$$W_\rho = \frac{2\pi R_0^3 \delta}{R_0} = 2\pi R_0^2 \delta \qquad\qquad (4-16)$$

【例4-1】如图4-11(a)所示,轴左段 AB 为实心圆截面,直径为 $d = 20$ mm,右段 BC 为空心圆截面,内、外径分别为 $d_1 = 15$ mm 与 $D_0 = 25$ mm。轴承受扭力偶矩 M_A、M_B 和 M_C 作用,且 $M_A = M_B = 100$ N·m,$M_C = 200$ N·m。试计算轴内的最大扭转切应力。

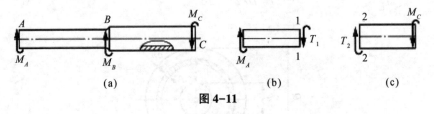

图4-11

【解】

(1)内力分析。设 AB 与 BC 段的扭矩均为正,并分别用 T_1 与 T_2 表示,则由图4-11(b)、(c)可知

$$T_1 = M_A = 100 \text{ N·m}$$

$$T_2 = M_C = 200 \text{ N·m}$$

(2)应力分析。由式(4-10)和式(4-14)可知,AB 段内的最大扭转切应力为

$$\tau_{1 \cdot \max} = \frac{16T_1}{\pi d^3} = \frac{16 \times 100 \times 10^3}{\pi \times (20)^3} = 63.7 \text{ MPa}$$

根据式(4-10)和式(4-12),得 BC 段内的最大扭转切应力为

$$\tau_{2 \cdot \max} = \frac{16T_2}{\pi d_0^{\,3}(1 - a^4)} = \frac{16 \times 200 \times 10^3}{\pi \times (25)^3 \times \left[1 - \left(\dfrac{15}{25} \right)^4 \right]} = 74.9 \text{ MPa}$$

第三节　圆轴扭转的强度和刚度条件

一、强度条件

通过对轴的内力分析可做出扭矩图,并求出最大扭矩 $T_{\max}$,最大扭矩所在截面称为危险截面。对于等截面轴,由式(4-10)可知,轴上最大切应力在危险截面的外表面。由此得强度条件为

$$\tau_{\max} = \frac{T_{\max}}{W_\rho} \leqslant [\tau] \tag{4-17}$$

式中:$[\tau]$ 为轴材料的许用切应力。不同材料的许用切应力 $[\tau]$ 各不相同,通常由扭转实验测得各种材料的扭转极限应力 τ_u,并除以适当的安全因数 n 得到,即

$$[\tau] = \frac{\tau_u}{n} \tag{4-18}$$

在进行扭转实验时,塑性材料和脆性材料的破坏形式不完全相同。塑性材料试件在外力偶作用下,先出现屈服,最后沿横截面被剪断,如图4-12(a)所示;脆性材料试件受扭时,变形很小,最后沿与轴线约45°方向的螺旋面断裂,如图4-12(b)所示。通常把塑性材料屈服时横截面上的最大切应力称为扭转屈服极限;把脆性材料断裂时横截面上的最大切应力称为材料的扭转强度极限。扭转屈服极限和扭转强度极限统称为材料的扭转极限应力。

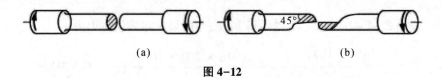

(a)   (b)

图 4-12

【例 4-2】如图 4-13(a)所示,阶梯状圆轴 AB 段直径 $d_1 = 120$ mm,BC 段直径 $d_2 = 100$ mm。外力偶矩为 $M_A = 22$ kN·m,$M_B = 36$ kN·m,$M_C = 14$ kN·m。已知材料的许用切应力 $[\tau] = 80$ MPa,试校核该轴的强度。

【解】可用截面法求得 AB、BC 段的扭矩分别为 $T_1 = 22$ kN·m,$T_2 = -14$ kN·m。据此绘出扭矩图如图 4-13(b)所示。

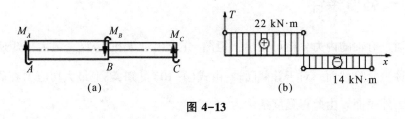

(a)   (b)

图 4-13

由扭矩图可知,AB 段的扭矩比 BC 段的扭矩大,但两段轴的直径不同,因此,需要分别校核两段轴的强度。由式(4-17)可得

$$AB\ 段:\tau_{1,\max} = \frac{T_1}{W_{\rho_1}} = \frac{16T_1}{\pi d_1^3} = \frac{16 \times 22 \times 10^6}{\pi \times (120)^3} = 64.8\ \text{MPa} \leqslant [\tau]$$

$$BC\ 段:\tau_{2,\max} = \frac{T_2}{W_{\rho_2}} = \frac{16T_2}{\pi d_2^3} = \frac{16 \times 14 \times 10^6}{\pi \times (100)^3} = 71.3\ \text{MPa} \leqslant [\tau]$$

因此,该轴满足强度条件的要求。

【例 4-3】某传动轴承受 $M_e = 2.0$ kN·m 外力偶作用,轴材料的许用切应力为 $[\tau] = 60$ MPa。试分别按:①横截面为实心圆截面;②横截面 $a = 0.8$ 的空心圆截面确定轴的截面尺寸,并比较其质量。

【解】(1)横截面为实心圆截面。

设轴的直径为 d,由式(4-17)得

$$W_\rho = \frac{\pi d^3}{16} \geqslant \frac{T}{[\tau]} = \frac{M_e}{[\tau]}$$

所以有

$$d \geqslant \sqrt[3]{\frac{16M_e}{\pi[\tau]}} = \sqrt[3]{\frac{16 \times 2.0 \times 10^6}{\pi \times 60}} = 55.4 \text{ mm}$$

取 $D = 56$ mm。

(2)横截面为空心圆截面。

设横截面的外径为 D，由式(4-17)得

$$W_\rho = \frac{\pi D^3}{16}(1 - a^4) \geqslant \frac{M_e}{[\tau]}$$

所以有

$$D \geqslant \sqrt[3]{\frac{16M_e}{\pi(1 - a^4)[\tau]}} = \sqrt[3]{\frac{16 \times 2.0 \times 10^6}{\pi \times (1 - 0.8^4) \times 60}} = 66.0 \text{ mm}$$

取 $D = 66$ mm。

(3)比较质量。由于两根轴的材料和长度相同，其质量之比就等于两者的横截面面积之比，利用以上计算结果得

$$\text{质量比} = \frac{A_1}{A} = \frac{D^2 - d_1^2}{d^2} = \frac{66^2 - 56^2}{56^2} = 0.39$$

结果表明，在满足强度的条件下，空心圆轴的质量不足实心圆轴质量的一半。

二、圆轴扭转的变形

如前所述，轴的扭转变形，用横截面绕轴线的相对角位移即扭转角 φ 表示。由式(4-7)可知，微段 $\mathrm{d}x$ 的扭转变形为 $\mathrm{d}\varphi = \frac{T}{GI_\rho}\mathrm{d}x$。因此，相距的两横截面间的扭转角为

$$\varphi = \int_l \frac{T}{GI_\rho}\mathrm{d}x \tag{4-19}$$

由此可见,对于长为 l、扭矩 T 为常数的等截面圆轴,其两端横截面间的相对转角,即扭转角为

$$\varphi = \frac{Tl}{GI_\rho} \qquad (4-20)$$

上式表明,相对扭转角 φ 与扭矩 T、轴长 l 成正比,与 GI_ρ 成反比。乘积 GI_ρ 称为圆轴截面的扭转刚度,简称为扭转刚度。

对于截面之间的扭矩、横截面面积或切变模量沿杆轴逐段变化的圆截面轴,两端截面间的相对转角为

$$\varphi = \sum_{i=1}^{n} \frac{T_i l_i}{G_i I_{\rho_i}} \qquad (4-21)$$

式中:T_i、l_i、G_i 与 $I_{\rho i}$ 分别表示轴段 i 的扭矩、长度、切变模量与极惯性矩;n 为杆件的总段数。

三、刚度条件

大多数实际工程不仅对受扭圆轴的强度有所要求,对变形也有要求,即要满足扭转刚度条件。由于实际工程中的轴长度不同,因此通常将轴的扭转角变化率 $\mathrm{d}\varphi/\mathrm{d}x$ 或单位长度内的扭转角作为扭转变形指标,要求它不超过规定的许用值 $[\varphi']$。由式(4-5)知,扭转角的变化率为

$$\varphi' = \frac{\mathrm{d}\varphi}{\mathrm{d}x} = \frac{T}{GI_\rho}(\mathrm{rad}/\mathrm{m})$$

所以,圆轴扭转的刚度条件为

$$\varphi' = \left(\frac{\mathrm{d}\varphi}{\mathrm{d}x}\right)_{\max} \leqslant [\varphi'](\mathrm{rad}/\mathrm{m}) \qquad (4-22)$$

对于等截面圆轴,其刚度条件为

$$\varphi'_{\max} = \frac{T_{\max}}{GI_\rho} \leqslant [\varphi']$$

$$\varphi'_{\max} = \frac{T_{\max}}{GI_\rho} \times \frac{180°}{\pi} \leqslant [\varphi'] \qquad (4-23)$$

【例4-4】设某实心传动轴,其传递的最大扭矩 $T_{max}=114.6$ kN·m,材料的许用切应力$[\tau]=50$ MPa,切变模量 $G=80$ GPa,许用扭转角$[\varphi']=0.3°/m$。试按刚度条件设计轴径 d。

【解】根据强度条件式(4-17)得

$$d \geqslant \sqrt[3]{\frac{16T_{max}}{\pi[\tau]}} = \sqrt[3]{\frac{16 \times 114.6 \times 10^3}{\pi \times 50}} = 22.7 \text{ mm}$$

再根据刚度条件设计直径,将已知的$[\varphi']$、T_{max}、G 等值代入刚度条件式(4-23)。并注意:若运算中力和长度的量分别以 N、mm 作为单位,则可将$[\varphi']$值乘以 10^{-3},单位化为°/mm 进行计算,于是

$$d \geqslant \sqrt[4]{\frac{32T_{max}}{\pi G[\varphi']} \times \frac{180°}{\pi}} = \sqrt[4]{\frac{32 \times 114.6 \times 10^3}{\pi \times 80 \times 10^3 \times \dfrac{0.3}{10^3}} \times \frac{180}{\pi}} = 40.9 \text{ mm}$$

两个直径中应选较大者,即实心轴直径 $d \geqslant 40.9$ mm,可选取 $d=41$ mm。由求解过程可以看出,刚度条件是该设计中的决定性因素。

第四节　圆轴扭转时的应变能

当圆杆受到外力偶矩作用而发生扭转变形时,杆内将积蓄应变能。下面从纯剪切单元体的变形入手,推导扭转应变能的计算公式。

如图 4-14 所示是从构件取出的受纯剪切的单元体,假设单元体左侧面固定,右侧面上的剪力为 $\tau dydz$,因有剪切变形,右侧面向下错动的距离为 γdx。现给切应力一个增量 $d\tau$,相应切应变的增量则为 $d\gamma$,右侧面向下的位移增量便为 $d\gamma dx$。因此剪力 $\tau dydz$ 在位移 $d\gamma dx$ 上所做的功为 $\tau dydz \cdot d\gamma dx$。其总功应为

$$dW = \int_0^\gamma \tau dydz \cdot d\gamma dx$$

根据功能原理,单元体内所积蓄的应变能 dV 在数值上等于 dW,故

$$dV_\varepsilon = dW = \int_0^\gamma \tau dy dz \cdot d\gamma dx = \int_0^\gamma (\tau d\gamma) dV$$

式中: $dV = dx dy dz$ 为单元体的体积。因此,单位体积内的应变能(应变能密度) v_ε 为

$$v_\varepsilon = \frac{dV_\varepsilon}{dV} = \int_0^\gamma \tau d\gamma$$

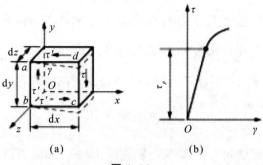

(a)　　　　　(b)

图 4-14

这表明, v_ε 等于 $\tau - \gamma$ 曲线下的面积。当时 $\tau \leqslant \tau_p$ 时, τ 与 γ 呈线性关系,于是有

$$v_\varepsilon = \frac{1}{2}\tau\gamma \qquad\qquad (4-24)$$

因 $\tau = G\gamma$,上式也可写成

$$v_\varepsilon = \frac{\tau^2}{2G} = \frac{G}{2}\gamma^2 \qquad\qquad (4-25)$$

求得杆件任一点处的应变能密度后,整个杆件的应变能即可由积分进行计算

$$V_\varepsilon = \int_V \gamma v_\varepsilon dV = \iint_l \int_A v_\varepsilon dA dx$$

式中: V 为杆件的体积, A 为杆件的面积, l 为杆长。

当 T、I_p 为常数时,可得杆内的应变能力

$$V_\varepsilon = \iint_{l} \frac{\tau^2}{2G} \mathrm{d}A \mathrm{d}x = \frac{1}{2G}\left(\frac{T}{I_\rho}\right)^2 \int_A \rho^2 \mathrm{d}A = \frac{T^2 l}{2GI} \qquad (4-26)$$

以上应变能表达式也可利用外力功与应变能数值上相等的关系,直接从作用在杆端的外力偶在圆轴扭转过程中所做的功算得。当杆在线弹性范围内工作时,在加载过程中,截面 B 相对于截面 A 的相对扭转角与外力偶矩呈线性关系,如图 4-15 所示。仿照轴向拉压应变能公式的推导方法,即可导出以上应变能表达式。

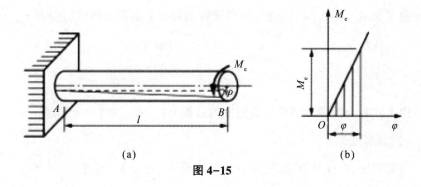

图 4-15

【例 4-5】如图 4-16(a)所示为工程中常用来起缓冲、减振或控制作用的圆柱形密圈螺旋弹簧,承受轴向压(拉)力的作用。设弹簧的平均半径为 R,簧杆的直径为 d,弹簧的有效圈数(即除去两端与平面接触的部分后的圈数)为 n,簧杆材料的剪变模量为 G,试在簧杆的斜度 α 小于 5°,且簧圈的平均直径 D 比簧杆直径 d 大得多的情况下,推导弹簧的应力和变形的计算公式。

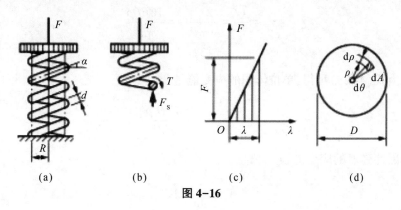

图 4-16

【解】(1)计算应力。

假想用截面法沿簧杆的任一横截面截取其上半部分,并取其为研究对象,其受力如图 4-16(b)所示。因 α 小于 5°,为研究方便,可视 α 为 0°,于是簧杆的截面就在包含弹簧截面轴线(即外力 F 的作用线)的纵向平面内。由平衡方程便可求得截面上的内力分量,通过截面形心的剪力及扭矩分别为 $F_s = F$,$T = FR$。

作为近似解,可略去剪力 F_s 所对应的切应力,且 D/d 很大时,还可略去簧圈的曲率影响。由式(4-8)便可求得簧杆横截面上的最大扭转切应力 τ_{max},即

$$\tau_{max} = \frac{T}{W_\rho} = \frac{FR}{\dfrac{\pi d^3}{16}} = \frac{16FR}{\pi d^3}$$

由上式算出的最大切应力是偏低的近似值。

(2)计算变形。

实验表明,在弹性范围内,压力 F 与变形 λ(压缩量)成正比,即 F 与 λ 的关系是一条斜直线,如图 4-16(c)所示,由此可得外力所做功为

$$W = \frac{1}{2} F\lambda \tag{a}$$

现计算弹簧内的应变能。如图 4-16(b)所示,在簧丝横截面上任意点的切应力为

$$\tau_\rho = \frac{T_\rho}{I_\rho} = \frac{\dfrac{FD}{2} \cdot \rho}{\dfrac{\pi d^4}{32}} = \frac{16FD\rho}{\pi d^4}$$

由式(4-25)可得,单位体积的应变能是

$$V_\varepsilon = \frac{\tau_\rho^2}{2G} = \frac{128F^2 D^2 \rho^2}{G\pi^2 d^2} \tag{b}$$

因此弹簧的应变能为

$$V_\varepsilon = \int_V V_\varepsilon \mathrm{d}V \tag{c}$$

式中:V 为弹簧的体积。若以 dA 表示簧丝横截面微面积,ds 是簧丝轴线的微长度,则 $dV = dA \cdot ds = \rho d\theta d\rho ds$,将式(b)代入式(c),于是有

$$V_\varepsilon = \int_V V_\varepsilon dV = \frac{125F^2D^2}{G\pi^2 d^2} \int_0^{2\pi} \int_0^{\frac{d}{2}} \rho^3 d\theta d\rho \int_0^{n\pi D} ds = \frac{4P^2D^3 n}{Gd^4} \tag{d}$$

由功能原理可知

$$\frac{1}{2}F\lambda = \frac{4F^2D^3 n}{Gd^4}$$

由此得弹簧的变形为

$$\lambda = \frac{8FD^3 n}{Gd^4} = \frac{64FR^3 n}{Gd^4} \tag{e}$$

式中: $R = \dfrac{D}{2}$,为弹簧圈的平均半径。

令 $k = \dfrac{Gd^4}{8D^3 n}$,则式(e)可以写成

$$\lambda = \frac{F}{k} \tag{f}$$

可见,k 代表弹簧抵抗变形的能力,称为弹簧的刚度,又称为劲度系数。

第五节　圆轴扭转的简单超静定问题

前面研究的轴,仅用平衡条件即可确定其约束力偶矩和扭矩,这类轴称为静定轴。而对于如图 4-17 所示的轴,其两端截面均固定,此时约束力偶矩增为两个,但有效平衡方程只有一个,不能确定它们的值,这类轴称为超静定轴或静不定轴。这类问题统称为超静定问题。

未知力偶矩数减去有效平衡方程数等于超静定的次数,也等于多余约束数。显然,如图 4-17 所示的轴为一次超静定。与求解拉、压杆的超静定问题相似,除平衡方程外,还须借助协调条件和物理方程联合求解圆轴的超静定

问题。

【例4-6】如图4-17(a)所示,两端固定的实心圆杆 AB , AC 段直径为 d_1 ,长度为 l_1 ; BC 段直径为 d_2 ,长度为 l_2 。截面 C 处承受扭转外力偶矩 M_e 。试求杆两端的约束力偶矩。

【解】显然,杆两端约束力偶矩的转向应与外力偶矩 M_e 的转向相反。为求两端的约束力偶矩,可将 B 端的约束解除,并加上力偶矩 M_B ,如图4-17(b)所示。

为了使得解除 B 端约束后的静定系统与原来的超静定系统相当,须使其满足下列条件: $\varphi_B = 0$ 。在此条件下,可以认为求得的力偶矩 M_B 与 M_A 就是原超静定系统中的约束力偶矩。

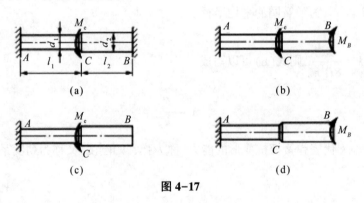

图4-17

在线弹性条件下, φ_B 的大小满足叠加原理,即

$$\varphi_B = \varphi_{B,M_e} + \varphi_{B,M_B} = 0 \tag{a}$$

其中, φ_B 为 M_e 单独作用下引起的 B 端转角, φ_B 为 M_B 单独作用下引起的 B 端转角。

由前面的讨论可知,

$$\varphi_{B,M_e} = \frac{M_e l_1}{GI_{\rho 1}} = \frac{32 M_e l_1}{G\pi d_1^4}$$

$$\varphi_{B,M_B} = \frac{32 M_e l_1}{G\pi d_{\rho 1}} - \frac{32 M_B l_2}{G\pi d_2^4}$$

将以上两式代入式(a),并加以简化,可得

$$M_e \frac{l_1}{d_1^4} - M_B \left(\frac{l_1}{d_1^4} + \frac{l_2}{d_2^4} \right) = 0$$

从而可以求得 $M_B = \dfrac{l_1 d_2^4}{l_1 d_2^4 + l_2 d_1^4} M_e$。

利用 $M_A + M_B = M_e$,可得 $M_A = \dfrac{l_2 d_1^4}{l_1 d_2^4 + l_2 d_1^4} M_e$。

【例4-7】如图4-18所示,一空心圆管 A 套在实心圆轴 B 的一端。管和轴在同一横截面处各有一直径相同的贯穿孔,两孔轴线之间的夹角为 β。现在圆轴 B 上施加外力偶使圆轴 B 扭转。对准两孔,并穿过孔装上销钉。然后卸除施加在圆轴 B 上的外力偶。试问此时管和轴上的扭矩分别为多少?已知套管 A 和圆轴 B 的极惯性矩分别为 $I_{\rho A}$ 和 $I_{\rho B}$,管和轴的材料相同,切变模量为 G。

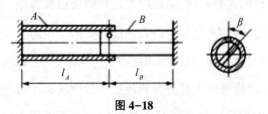

图4-18

【解】安装套管 A 和圆轴 B 后,其连接处有一相互作用力偶矩 T,在此力偶矩作用下,套管 A 转过一角度 φ_A,圆轴 B 反方向转过的角度为 φ_B,由套管 A、圆轴 B 连接处的变形协调条件可知

$$\varphi_A + \varphi_B = \beta \tag{a}$$

由物理关系知

$$\varphi_A = \frac{T l_A}{G I_{\rho A}} \tag{b}$$

$$\varphi_B = \frac{T l_B}{G I_{\rho B}} \tag{c}$$

将式(b)、式(c)代入式(a),可得

$$\frac{Tl_A}{GI_{\rho A}} + \frac{Tl_B}{GI_{\rho B}} = \beta$$

得

$$T = \frac{\beta}{\dfrac{l_A}{GI_{\rho A}} + \dfrac{l_B}{GI_{\rho B}}} = \frac{\beta GI_{\rho A}I_{\rho B}}{l_A I_{\rho A} + l_B I_{\rho B}}$$

扭矩 T 是圆轴 B 对套管 A 的作用力,也是套管 A 对圆轴 B 的反作用力,所以套管 A、圆轴 B 的扭矩相同,大小均为 T。

第六节　圆轴的塑性扭转

对于承受扭转的薄壁圆筒,当切应力达到剪切屈服极限 τ_s 时,意味着整个筒的材料过渡到塑性状态,已发生较大的塑性变形。而对于承受扭转的实心圆轴,当在周边的各点上出现塑性变形时,即 $\tau_{max} = \tau_s$,整个截面上的塑性变形并不显著,因为不在边缘处的大部分材料还处于弹性状态。可把整个截面上的材料达到塑性状态作为圆轴的破坏状态或极限状态。现假设材料为线弹性-理想塑性材料,它的切应力 τ 和切应变 γ 的简化曲线,如图4-19所示。

$$\left.\begin{array}{l} \gamma \geqslant \gamma_s, \tau = G\gamma \\ \gamma > \gamma_s, \tau = \tau_s \end{array}\right\} \tag{4-27}$$

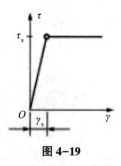

图4-19

由式(4-10)可知,对于实心圆轴,可考虑仅圆轴的周边进入屈服状态,如图 4-20(a)所示。

$$\tau_{\max} = \frac{M_x}{I_\rho} = \frac{16M_x}{\pi d^3} \leqslant \tau_s$$

$$M_x \leqslant \frac{\pi}{16}d^3\tau_s$$

因轴尚处于弹性状态,轴的单位扭转角还可按式 $\varphi' = \dfrac{T}{GI_\rho}$ 计算,若加大扭矩 T,使轴截面处于弹塑性状态,即截面内部($\rho < \rho_1$)保持弹性状态,外部($\rho > \rho_1$)达到塑性状态,如图 4-20(b)所示。在弹性部分,切应力 $\tau = G\rho\varphi'$;在外缘塑性部分,切应力 $\tau = \tau_s$;在弹性与塑性部分的交界处($\rho = \rho_1$),切应力 $\tau_s = G\rho_1\varphi'$。

因此,弹性区域的半径为 $\rho_1 = \dfrac{\tau_s}{G\varphi'}$,截面上的应力分布如图 4-20(b)所示。

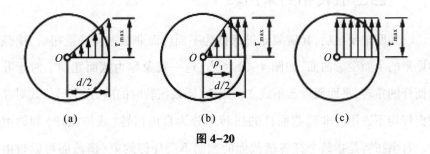

图 4-20

应用静力平衡关系可求出截面上的扭矩 T 为

$$T = 2\pi\left[\int_0^{\rho_1} G\rho\varphi'\rho^2\mathrm{d}\rho + \tau_s\rho^2\mathrm{d}\rho\right] = 2\pi\left[\frac{1}{4}G\varphi'\rho_1^4 + \frac{\tau_s}{3}\left(\frac{d^3}{8} - \rho_1^3\right)\right]$$

将 $\tau_s = G\rho_1\varphi'$ 代入上式,可得 $T = \pi\tau_s\left(\dfrac{d^3}{12} - \dfrac{\rho_1^3}{6}\right)$。

随着扭转角 φ' 的增加,弹性核心的半径无限地缩小,即 $\rho_1 \to 0$,如图 4-20(c)所示。此时扭矩 T 趋向极限值 T_u,即该实心轴的极限扭矩。故有

$$T_{u} = \frac{1}{12}\pi d^{3}\tau_{s} = \frac{4}{3}W_{\rho}\tau_{s} \qquad (4-28)$$

根据极限扭矩可得出强度条件:

$$T_{max} \leqslant \frac{T_{u}}{n} = \frac{\pi d^{3}}{12n}[\tau] \qquad (4-29)$$

式中:n 为安全因数。比较可知,对于理想塑性材料的同一圆轴,在静荷载作用下,其极限扭矩比按弹性设计承受的扭矩增大三分之一。

第七节 非圆截面杆扭转的概念

受扭转的轴除圆形截面外,还有其他形状的截面,如矩形和椭圆形截面。下面简要介绍矩形截面的扭转问题。

一、自由扭转和约束扭转

已知圆轴受扭后,其横截面仍保持为平面。而非圆截面杆受扭后,横截面由原来的平面变为曲面,如图 4-21 所示,这一现象称为截面翘曲。对于非圆截面杆的扭转,平面假设已不成立。因此,圆轴扭转时的应力、变形公式对非圆截面杆均不适用。非圆截面杆的扭转可分为自由扭转(或纯扭转)和约束扭转。自由扭转是指整个杆各横截面的翘曲不受任何约束(横截面可以自由凹凸),任意两相邻横截面的翘曲情况将完全相同,纵向纤维的长度不变。因此,横截面上只产生切应力而没有正应力。如果不符合上述情况,就属于约束扭转,约束扭转因横截面的凹凸受到约束限制,各横截面的翘曲情况不同。因此,在约束扭转中,横截面上除有切应力外,还有正应力。由于一般实心截面杆约束扭转产生的正应力很小,可以略去,但薄壁杆件约束扭转引起的正应力则不能忽略。

1.矩形截面杆的扭转

如图 4-22(a)所示,对于矩形截面杆的扭转问题,根据切应力互等定理可以得出,横截面上切应力的分布具有下述特点。

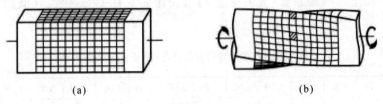

(a)　　　　　　　　　　　　(b)

图 4-21

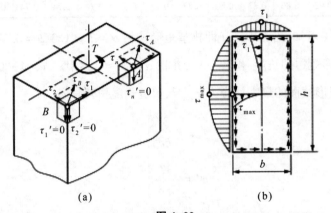

(a)　　　　　　　　　　　　(b)

图 4-22

（1）截面周边各点处的切应力方向一定与周边平行（或相切）。设截面周边上某点 A 处的切应力为 τ_A，如其方向与周边不平行，则必有与周边垂直的分量 τ_n，因 $\tau'_n = 0$，故 $\tau_n = 0$，所以截面周边的切应力一定与周边平行。

（2）截面凸角（B 点）处的切应力一定为零，其道理同上。

在图 4-22(b) 所示的矩形截面（设 $h>b$）上,画出了沿周边的切应力分布,最大切应力发生在长边中点。最大切应力 $\tau_{\max}$、单位长度扭转角 φ' 及短边中点的切应力 τ_1 按下列公式计算:

$$\left.\begin{array}{l} \tau_{\max} = \dfrac{T}{ahb^2} = \dfrac{T}{W_t} \\[3mm] \varphi' = \dfrac{T}{G\beta hb^3} = \dfrac{T}{GI_t} \\[3mm] \tau_1 = \xi\tau_{\max} \end{array}\right\} \qquad (4-30)$$

式中,T 为截面扭矩;G 为材料的切变模量;I_t 和 W_t 分别称为矩形截面的相当极惯性矩和扭转截面系数; α、β、ξ 是与边长比 h/b 有关的系数,其值如表4-1所示。

表 4-1　矩形截面扭转的有关系数(用于矩形截面扭转)

h/b	1.00	1.20	1.50	1.75	2.00	2.50	3.00	4.00	5.00	6.00	8.00	10.0	∞
α	0.208	0.219	0.231	0.239	0.246	0.258	0.267	0.282	0.291	0.299	0.307	0.313	0.333
β	0.141	0.166	0.196	0.214	0.229	0.249	0.163	0.281	0.291	0.299	0.307	0.313	0.333
ξ	1.00	0.93	0.86	0.82	0.80	0.77	0.75	0.74	0.74	0.74	0.74	0.74	0.71

由表4-1可知,当 $h/b>10$(即狭窄矩形)时, $\alpha = \beta \approx 1/3$,$\xi = 0.74$。现以 δ 表示狭长矩形短边的长度(图4-23),并将 $\alpha = \beta \approx 1/3$ 代入式(4-30)的前两式,得狭长矩形截面的最大切应力 τ_{max} 与单位长度扭转角 φ' 为

$$\left.\begin{aligned}\tau_{max} &= \frac{3T}{h\delta^2} \\[2mm] \varphi' &= \frac{3T}{Gh\delta^3}\end{aligned}\right\} \tag{4-31}$$

如图4-23所示为沿狭长截面的长边与短边切应力的分布情况。狭长截面长边各点,除了靠近两端的很小部分,切应力与长边中点 A 处的最大切应力相等。

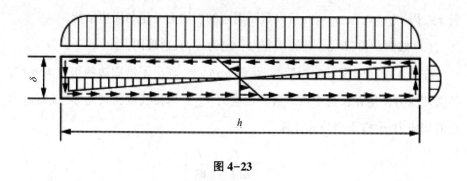

图 4-23

【例4-8】两端自由的一矩形截面杆,高 $h = 90$ mm,宽 $b = 60$ mm,承受的扭矩 $T = 2\,500$ N·m,试计算杆的最大切应力 τ_{max} ,如把截面做成圆形,使其面积

相等,试比较两种情况下的 τ_{max} 。

【解】$\dfrac{h}{b} = \dfrac{90}{60} = 1.5$。查表 4-1,可得 $a = 0.231$. 由式(4-30)知,最大切应

力为

$$\tau_{max} = \frac{T}{ab^2h} = \frac{2500 \times 10^3}{0.231 \times (60)^2 \times 90} = 33.4 \text{ MPa}$$

矩形截面面积 $A = 60 \times 90 = 5400 \text{ mm}^2$,相等的圆截面面积 $A = \dfrac{\pi D^2}{4} =$

5400 mm^2,故对应的圆截面直径 $D = 83 \text{ mm}$,其扭转截面系数 $W_\rho = \dfrac{\pi D^3}{16} =$

112000 mm^3,对应的圆截面上的最大切应力为

$$\tau_{max} = \frac{T}{W_\rho} = \frac{2500 \times 10^3}{112000} = 22.3 \text{ MPa}$$

可见,在同样面积和承受相同扭矩的情况下,矩形截面所产生的最大切应

力 τ_{max} 要比圆形截面的大。

2.开口薄壁截面杆

在土建工程中,常采用一些薄壁截面的构件。若薄壁截面的壁厚中线是一
条不封闭的折线或曲线,这种截面称为开口薄壁截面,如各种轧制型钢(工字
钢、槽钢、角钢等)或 I 形、槽形、T 形截面(图4-24)等。在外力作用下,这类截
面的杆件常会发生扭转变形,本节只讨论在自由扭转时应力和变形的近似
计算。

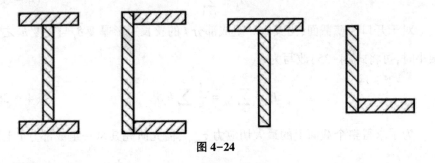

图4-24

对于某些开口薄壁截面杆,例如各种轧制型钢,其横截面可以看作由若干狭长矩形所组成的组合截面(图4-24)。根据杆在自由扭转时横截面的变形情况,可做出如下假设:杆扭转后,横截面周线虽然在杆表面上变成曲线,但在其变形前平面上的投影形状仍保持不变。当开口薄壁杆沿杆长每隔一定距离有加劲板时,上述假设基本上与实际变形情况相符。由假设得知,在杆扭转后,组合截面的各组成部分所转动的单位长度扭转角与整个截面的单位长度扭转角 φ' 相同,于是,有以下变形相容条件:

$$\varphi'_1 = \varphi'_2 = \cdots = \varphi'_i = \varphi' \qquad (4-32)$$

式中: $\varphi'_i (i = 1, 2, \cdots, n)$ 代表组合截面中组成部分 i 的单位长度扭转角。由式(4-31)和式(4-32),可得补充方程

$$\frac{T_1}{GI_{t_1}} = \frac{T_2}{GI_{t_2}} = \cdots = \frac{T_n}{GI_{t_n}} = \frac{T}{GI_t} \qquad (4-33)$$

式中: $I_{ti} = \frac{1}{3}h\delta^3 (i = 1, 2, \cdots, n)$, T_i 为组合截面中组成部分 i 上分担的扭矩,而 I_t 和 T 则分别代表整个组合截面的相当极惯性矩和扭矩。由合力矩和分力矩的静力关系,可得

$$T = T_1 + T_2 + \cdots + T_n \qquad (4-34)$$

联立式(4-33)和式(4-34),消去 T、G 后,即得整个截面的相当极惯性矩为

$$I_t = \sum_{i=1}^{n} 1_{ti} \qquad (4-35)$$

对于开口薄壁截面,当其每一组成部分 i 的狭长矩形厚度 δ_i 与宽度 h_i 之比很小时,可将式(4-35)改写为

$$I_t = \sum_{i=1}^{n} i_{ti} = \frac{1}{3} \sum_{i=1}^{n} h_i \delta_i^3 \qquad (4-36)$$

为了求得整个截面上的最大切应力 τ_{max} ,需先研究其每一组成部分 i 上的最大切应力 τ_{max} 。利用狭长矩形截面中 $W_{ti} = \frac{1}{3}h_i\delta_i^2 = \frac{I_{ti}}{\delta_i}$ 和式(4-33)的关系,

矩形截面杆在扭转时的最大切应力为

$$\tau_{\max \cdot i} = \frac{T_i}{W_{ti}} = \frac{T_i}{I_{ti}}\delta_i = \frac{T}{I_t}\delta_i \qquad (4-37)$$

由式(4-37)可见,该组合截面上的最大切应力将发生在厚度为 $\delta_{\max}$ 的组成部分的长边处,其值为

$$\tau_{\max} = \frac{T}{I_t}\delta_{\max} = \frac{T\delta_{\max}}{\dfrac{1}{3}\displaystyle\sum_{i=1}^{n} h_i\delta_i^3} \qquad (4-38)$$

式中: $\delta_{\max}$ 为组合截面所有组成部分中厚度的最大值。

在计算由型钢制成的等直杆的扭转变形时,由于实际型钢截面的翼缘部分是变厚度的,且在连接处有过渡圆角,这就增加了杆的刚度,故应对 I_t 的表达式做如下修正,并将修正后的 I_t 改写为 I'_t:

$$I'_t = \frac{1}{3}\eta \sum_{i=1}^{n} h_i\delta_i^3 \qquad (4-39)$$

式中: η 为修正因数。对于角钢截面、槽钢截面、T 形钢截面和工字钢截面,η 分别取 1.00、1.12、1.15 和 1.20。在计算单位长度扭转角时,仍采用式(4-30)的第二式,并以 I'_t 代替式中的 I_t。

【例4-9】如图 4-25 所示,一长度为 1、厚度为 8 的薄钢板卷成平均直径为 D 的圆筒,材料的切变模量为 G,其两端承受扭转外力偶矩 M_e,试求:

(1)在板边为自由的情况下,如图 4-25(a)所示,薄壁筒横截面上的切应力分布规律,以及其最大切应力和最大相对扭转角;

(2)当板边焊接后,如图 4-25(b)所示,薄壁筒横截面上的切应力分布规律,以及其最大切应力和最大相对扭转角。

【解】(1)开口薄壁圆筒的应力和变形。

在板边为自由的情况下,可将开口环形截面展直,视为狭长矩形截面。其横截面上的切应力沿壁厚呈线性变化,如图 4-25(a)所示。最大切应力发生在开口薄壁圆筒的内、外周边处。对于薄壁杆,$\dfrac{\pi D}{\delta}$(即 $\dfrac{h}{b}$)大于 10,由表 4-1 得

$\alpha \approx \beta \approx \dfrac{1}{3}$。于是,最大切应力和最大相对扭转角分别为

$$\tau_a = \frac{T}{ahb^2} = \frac{3M_e}{\pi D\delta^2}$$

$$\varphi = \varphi'_a l = \frac{Tl}{G\beta hb^3} = \frac{3M_e}{G\pi D\delta^3}$$

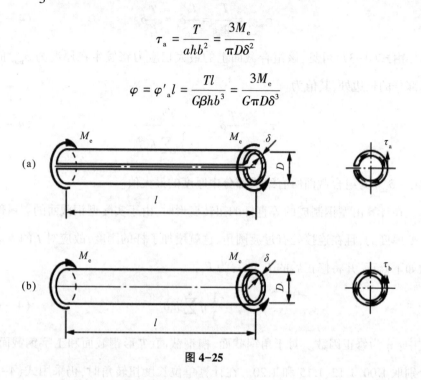

图 4-25

(2)闭口薄壁圆筒的应力和变形。

当板边焊接后,则成闭口薄壁圆筒,其横截面上的切应力沿壁厚为均匀分布,如图 4-25(b)所示。切应力和最大相对扭转角分别为

$$\tau_b = \frac{T}{2A_0\delta} = \frac{2M_e}{\pi D^2\delta}$$

$$\varphi_b = \frac{Tl}{GI_\rho} \approx \frac{Tl}{G(\pi D\delta)\left(\dfrac{D}{2}\right)^2} = \frac{4M_e l}{G\pi D^3\delta}$$

开口薄壁圆筒与闭口薄壁圆筒相比较:

最大切应力之比 $\dfrac{\tau_a}{\tau_b} = \dfrac{3D}{2\delta}$

最大相对扭转角之比 $\dfrac{\varphi_a}{\varphi_b} = \dfrac{3}{4}\left(\dfrac{D}{\delta}\right)^2$

若 $D = 20\delta$，则 $\tau_a = 30\tau_b$，$\varphi_a = 300\varphi_b$。可见,开口薄壁圆筒的最大切应力和最大相对扭转角均远大于闭口薄壁圆筒。

3.闭口薄壁截面杆

工程中有一类薄壁截面的壁厚中线是一条封闭的折线或曲线,这类截面称为闭口薄壁截面,如环形薄壁截面和箱形薄壁截面。桥梁中经常采用箱形截面梁,它在外力作用下也可能出现扭转变形。本节只讨论这类杆件在自由扭转时的应力和变形计算。

设有一横截面为任意形状、变厚度的闭口薄壁截面等直杆,两自由端承受一对扭转外力偶作用,如图 4-26(a)所示。由于杆横截面上的内力为扭矩,因此,其横截面上将只有切应力。又因是闭口薄壁截面,故可假设切应力沿壁厚无变化,且其方向与壁厚的中线相切,如图 4-26(b)所示。当杆的壁厚远小于其横截面尺寸时,由假设所引起的误差在工程计算中如下。

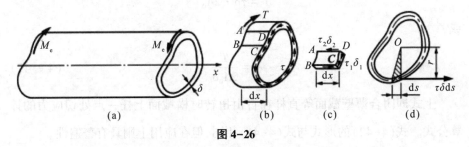

图 4-26

取长为 dx 的杆段,用两个与壁厚中线正交的纵截面从杆壁中取出小块 $ABCD$,如图 4-26(c)所示。设横截面上 C 和 D 两点处的切应力分别为 τ_1 和 τ_2,而壁厚则分别为 δ_1 和 δ_2。根据切应力互等定理,其上、下两纵截面上应分别有切应力 τ_2 和 τ_1,由平衡方程

$$\sum F_x = 0 , \tau_1\delta_1 dx = \tau_2\delta_2 dx$$

可得

$$\tau_1\delta_1 = \tau_2\delta_2 \tag{4-40}$$

由于所取的两纵截面是任意选择的,故上式表明,横截面沿其周边任一点

处的切应力 τ 与该点处的壁厚 δ 之乘积为一常数,即

$$\tau\delta = 常数 \tag{4-41}$$

为找出横截面上的切应力与扭矩 T 之间的关系,沿壁厚中线取出长为 ds 的一段,在该段上的内力元素为 $\tau\delta ds$,如图 4-26(d)所示,其方向与壁厚中线相切。其对横截面平面内任一点 O 的矩为

$$dT = \tau\delta ds \cdot r$$

式中:r 是从矩心 O 到内力元素 $\tau\delta ds$ 作用线的垂直距离。由力矩合成原理可知,截面上的扭矩应为 dT 沿壁厚中线全长 s 的积分。注意到式(4-41),即得

$$T = \int_s dT = \int_s \tau\delta r ds = \tau\delta \int_s ds$$

由图 4-26(d)可知,rds 为图中阴影线三角形面积的 2 倍,故其沿壁厚中线全长 s 的积分应是该中线所围面积 A_0 的 2 倍。于是,可得

$$T = \tau\delta \cdot 2A_0$$

或

$$\tau = \frac{T}{2A_0\delta} \tag{4-42}$$

上式即闭合薄壁截面等直杆在自由扭转时横截面上任一点处切应力的计算公式。式(4-42)的形式与式(4-41)相同,但在应用上则具有普遍性。

由式(4-41)可知,壁厚 δ 最薄处横截面上的切应力 τ 为最大。于是,由式(4-42)可得杆横截面上的最大切应力为

$$\tau = \frac{T}{2A_0\delta_{min}} \tag{4-43}$$

式中:δ_{min} 为薄壁截面的最小壁厚。

闭口薄壁截面等直杆的单位长度扭转角可按功能原理来求解。

由纯剪切应力状态下的应变能密度 v_ε 的表达式,可得杆内任一点处的应变能密度为

$$v_\varepsilon = \frac{\tau^2}{2G} = \frac{1}{2G}\left(\frac{T}{2A_0\delta}\right)^2 = \left(\frac{T^2}{8GA_0^2\delta^2}\right) \tag{4-44}$$

又根据应变能密度 v_ε 计算扭转时杆内的应变能,可得单位长度杆内的应变能为

$$V_\varepsilon = \int_V v_\varepsilon \mathrm{d}V = \frac{T^2}{8GA_0^2} \int_V \frac{1}{\delta^2} \mathrm{d}V$$

式中:V 为单位长度杆壁的体积,$\mathrm{d}V = 1 \cdot \delta \cdot \mathrm{d}s = \delta \mathrm{d}s$。将 $\mathrm{d}V$ 代入上式,并沿壁厚中线的全长 s 积分,得

$$V_t = \frac{T^2}{8GA_0^2} \int_V \frac{1}{\delta} \mathrm{d}s$$

然后,计算单位长度杆两端截面上的扭矩对杆段的相对扭转角 φ' 所做的功。由于杆在线弹性范围内工作,因此,所做的功 $W = \frac{1}{2} T\varphi'$。由功能原理可知,$V_\varepsilon$ 和 W 在数值上相等,从而解得

$$\varphi' = \frac{T}{4GA_0^2} \int_s \frac{1}{\delta} \mathrm{d}s \qquad (4-45)$$

即得所要求的单位长度扭转角。式中的积分取决于杆的壁厚 δ 沿壁厚中线 s 的变化规律。当壁厚 δ 为常数时,则得

$$\varphi' = \frac{T_s}{4GA_0^2} \delta \qquad (4-46)$$

式中:s 为壁厚中线的全长。

【例4-10】横截面面积 A、壁厚 δ、长度 l 和材料的切变模量均相同,而截面形状不同的三根闭口薄壁杆,分别如图 4-27(a)、(b) 和 (c) 所示。若分别在杆的两端承受相同的扭转外力偶矩 M_e,试求三杆横截面上的切应力之比和单位长度扭转角之比。

【解】(1) 对于薄壁圆截面 [图 4-27(a)],由于

$$A = 2\pi r_0 \delta$$

$$r_0 = \frac{A}{2\pi \delta}$$

$$A_0 = \pi r_0^2 = \frac{1}{4\pi} \cdot \left(\frac{4}{\delta}\right)^2$$

可得 $\tau_{\mathrm{a}} = \dfrac{T}{2A_0\delta} = \dfrac{M_{\mathrm{e}} \cdot 2\pi\delta}{A^2}$ 。

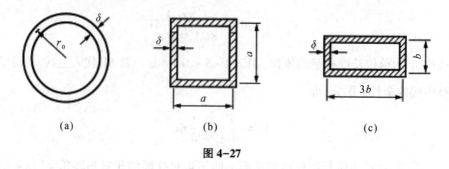

(a)   (b)   (c)

图 4-27

对于薄壁正方形截面,如图 4-27(b)所示,由于

$$A = 4a\delta$$

$$a = \frac{A}{4\delta}$$

$$A_0 = a^2 = \frac{1}{16} \cdot \left(\frac{A}{\delta}\right)^2$$

可得 $\tau_{\mathrm{b}} = \dfrac{T}{2A_0\delta} = \dfrac{8M_{\mathrm{e}}\delta}{A^2}$ 。

对于薄壁矩形截面,如图 4-27(c)所示,由于

$$A = 2(b + 3b)\delta = 8b\delta$$

$$b = \frac{A}{8\delta}$$

$$A_0 = 3b \cdot b = \frac{3}{64} \cdot \left(\frac{A}{\delta}\right)^2$$

可得 $\tau_{\mathrm{c}} = \dfrac{T}{2A_0\delta} = \dfrac{32M_{\mathrm{e}}\delta}{A^2}$ 。

可见,三杆截面的扭转切应力之比为

$$\tau_{\mathrm{a}} : \tau_{\mathrm{b}} : \tau_{\mathrm{c}} = 2\pi : 8 : \frac{32}{3} = 1 : 1.27 : 1.70$$

(2)由于三杆的单位长度扭转角分别为

$$\varphi'_a = \frac{Ts}{4GA_0^2\delta} = 4\pi^2 \frac{M_e\delta^2}{GA^3}$$

$$\varphi'_b = \frac{T}{2A_0\delta} = \frac{64M_e\delta^2}{GA^3}$$

$$\varphi'_c = \frac{1024}{9} \cdot \frac{M_e\delta^2}{GA^3}$$

故三杆扭转角之比为

$$\varphi'_a : \varphi'_b : \varphi'_c = 1 : 1.62 : 2.88$$

上述计算结果表明,对于相同截面面积的同一材料而言,无论是强度或是刚度,都是薄壁圆截面最佳,薄壁矩形截面最差。这是因为薄壁圆截面壁厚中线所围的面积 A_0 最大,而薄壁箱形截面在其内角处还将引起应力集中。

第五章 弯 曲

第一节 弯曲内力

一、弯曲和平面弯曲的概念与实例

在机械工程结构中,经常遇到发生弯曲变形的杆件。如图 5-1(a)所示桥式吊车的横梁在被吊物体的重力 G 和横梁自重 q 的作用下发生弯曲变形;火车轮轴在车厢重力的作用下发生弯曲变形[图 5-1(b)];悬臂管道支架在管道重物作用下发生的变形[图 5-1(c)]等,都是机械中常见到的弯曲变形的实例。在其他的工程实际和日常生活实践中,也存在着很多弯曲变形的问题,例如房屋建筑的楼面梁,在楼面载荷 q 作用下发生弯曲变形(图 5-2);跳水运动员站在跳板上,跳板也发生弯曲变形。

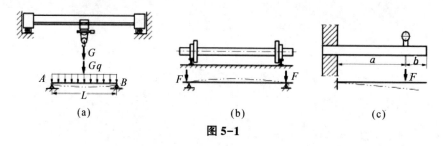

(a)　　　　　　　(b)　　　　　　　(c)

图 5-1

观察这些杆件,尽管形状各异,加载的方式也不尽相同,但它们所发生的变形却有共同的特点,即所有作用于这些杆件上的外力都垂直于杆的轴线,这些外力称为横向力;在横向力作用下,杆的轴线将弯曲成一条曲线,这种变形形式称为弯曲。凡是以弯曲变形为主的杆件,习惯上称为梁。某些杆件,如图 5-3(a)所示镗床加工工件内孔时,镗刀柄在切削力作用下,不但有弯曲变形,还有扭转变形[图 5-3(b)]。当讨论其弯曲变形时,仍然把这类杆件作为梁来处理。工程中的梁,包括结构物中的各种梁,也包括机械中的转轴和齿轮轴等。

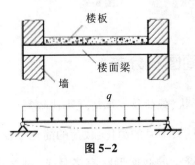

图 5-2

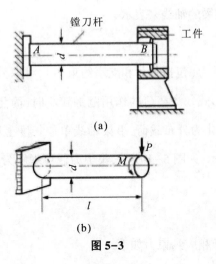

(a)

(b)

图 5-3

工程中的梁一般都具有纵向对称平面[图 5-4(a)],当作用于梁上的所有外力(包括支座约束力)都作用在此纵向对称平面[图 5-4(b)]内时,梁的轴线就在该平面内弯成一平面曲线,这种弯曲称为对称弯曲或平面弯曲。对称弯曲是弯曲中较简单的情况。本章主要讨论对称弯曲问题。

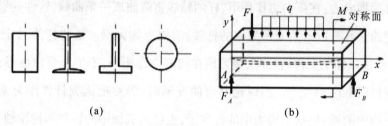

图 5-4

二、梁的计算简图及分类

工程中梁的截面形状、载荷及支承情况都比较复杂,为了便于分析和计算,必须对梁进行简化,包括梁本身的简化、载荷的简化以及支座的简化等。

对于梁的简化,不管梁的截面形状有多复杂,都简化为一直杆,如图 5-1 至图 5-3 所示,并用梁的轴线来表示。

1.载荷的简化

作用于梁上的外力(包括载荷和支座约束力),可以简化为集中力、分布载荷和集中力偶三种形式。当载荷的作用范围较小时,简化为集中力;若载荷连续作用于梁上,则简化为分布载荷,沿梁轴线单位长度上所受到的力称为载荷集度,以 $q(\text{N/m})$ 表示;如图 5-4 所示,集中力偶可理解为力偶的两力分布在很短的一段梁上。

2.支座的简化

最常见的支座及相应约束力如下。

(1)可动铰支座。

可动铰支座仅限制梁支承处垂直于支承平面的线位移,与此相应,仅存在垂直于支承平面的反作用力 F_R。在图 5-5(a)中同时还绘出了用铰杆表示的可动铰支座的简图。

(2)固定铰支座。

固定铰支座限制梁在支承处沿任何方向的线位移,因此,相应约束力可用两个分力表示。例如,沿梁轴方向的约束力 F_{Rx} 与垂直于梁轴的约束力 F_{Ry}。

（3）固定端。

固定端限制梁端截面的线位移与角位移,因此,相应约束力可用三个分量表示:沿梁轴方向的约束力 F_{Rx}、垂直于梁轴方向的约束力 F_{Ry} 以及位于梁轴平面内的约束力偶矩 M。

梁的实际支座通常可简化为上述三种基本形式。但是,支座的简化往往与对计算的精度要求或与所有支座对整个梁的约束情况有关。例如,图 5-6(a) 所示的插入砖墙内的过梁,由于插入端较短,因而梁端在墙内有微小转动的可能。此外,当梁有水平移动趋势时,其一端将于砖墙解除而限制了梁的水平移动。因此,两个支座可分别简化为固定铰支座和可动铰支座[图 5-6(b)]。图 5-1(b)中车辆轴的支座也具有类似的情况。

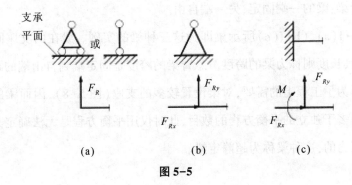

(a)　　　　　　(b)　　　　　　(c)

图 5-5

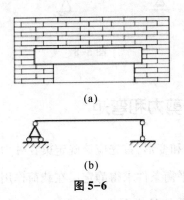

(a)

(b)

图 5-6

从以上的分析可知,如果梁具有 1 个固定端,或具有 1 个固定铰支座和 1 个可动铰支座,则其 3 个约束力可由平面力系的 3 个独立的平面方程求出,这种梁称为静定梁。图 5-7(a)、(b)、(c)所示为工程上常见的三种基本形式的静定梁,分别称为简支梁、外伸梁和悬臂梁。

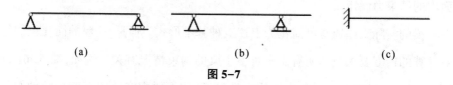

图 5-7

简支梁:梁的一端为固定角支座,另一端为活动角支座。

外伸梁:梁的一端为固定角支座,另一端为活动角支座,而梁的一端或两端伸出支座之外。

悬臂梁:梁的一端固定,另一端自由。

图 5-1(a)、(b)、(c)所示梁即为这三种梁的实例。梁在两支座间的部分称为跨,其长度则称为梁的跨度。悬臂梁的跨度是固定端到自由端的距离。

有时为了工程上的需要,对梁设置较多的支座(图 5-8),因而梁的支座约束力数目多于独立的平衡方程的数目,此时仅用平衡方程是无法确定其所有的支座约束力的,这种梁称为超静定梁。

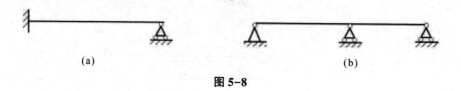

图 5-8

三、梁的内力、剪力和弯矩

为了计算梁的应力和变形,首先应该确定梁在外力作用下任意横截面上的内力。为此,应先根据平衡条件求得静定梁在载荷作用下的全部约束力。当作用在梁上的全部载荷(包括外力和支座约束力)均为已知时,用截面法就可以求出任意截面上的内力。

1.求梁截面内力的基本方法(截面法)

如图 5-9(a)所示的简支梁,已知 $F_1 = 1$ kN,$F_2 = 2$ kN,$l = 5$ m,$a = 1.5$ m,$b = 3$ m。用平面平行力系的平衡方程求得两端支座的约束力 $F_{NA} = 1.5$ kN,$F_{NB} = 1.5$ kN。现欲求距 A 端 $x = 2$ m 处的横截面 $m-m$ 上的内力。截面法假想将梁沿截面 $m-m$ 截开,分为左右两部分,因为梁原来处于平衡状态,所以截开以后任意一部分也必然处于平衡状态。现取左部分为研究对象,画受力图,如图 5-9(b)所示。显然左部分梁在 F_1 和 F_{NA} 的作用下不能保持平衡。

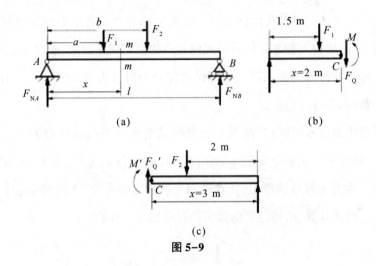

图 5-9

为了保持左部分梁的平衡,截面 $m-m$ 上必然存在两个内力的分量。

①内力:作用在截面内部与截面相切,其作用线平行于外力,称为剪力,用 $F_Q(F_s)$ 表示。

②内力偶矩:其作用面垂直于横截面,称为弯矩,用 M 表示。

现在讨论剪力和弯矩的求法。确定梁中截面上剪力和弯矩的基本方法仍然是截面法。

剪力 F_Q 和弯矩 M 的大小和方向可根据平面平行力系的平衡方程确定。

由 $$\sum F_y = 0, F_{NA} - F_1 - F_Q = 0$$

得 $\qquad F_Q = F_{NA} - F_1 = 1.5\ \text{kN} - 1\ \text{kN} = 0.5\ \text{kN}$

由 $\qquad \sum M_C(F) = 0, \ -F_{NA}x + F_1(x - a) + M = 0$

得 $\qquad M = F_{NA}x - F_1(x - a)$

$$= 1.5 \times 2\ \text{kN} \cdot \text{m} - 1 \times (2 - 1.5)\,\text{kN} \cdot \text{m}$$

$$= 2.5\ \text{kN} \cdot \text{m}$$

如果取右部分梁为研究对象,如图5-9(c)所示,则 m-m 截面上的剪力和弯矩以 F_Q' 和 M' 表示,可以求得 $F_Q' = F_Q = 0.5\ \text{kN}, M = M' = 2.5\ \text{kN} \cdot \text{m}$,即它们大小相等、方向相反。这是因为它们之间是作用与反作用的关系。

为了使上述两种算法得到的同一截面上的剪力和弯矩不仅数值相同而且符号也一致,把剪力和弯矩的符号规则与梁的变形联系起来,规定如下:

①剪力的符号规则:剪力 F_Q 绕保留部分顺时针方向为正[图5-10(a)],反之为负[图5-10(b)]。

②弯矩的符号规则:在截面 n-n 处弯曲变形向下凸或使梁的上表面纤维受压时,截面 n-n 上的弯矩规定为正[5-11(a)],反之为负[图5-11(b)]。

按上述关于符号的规定,任意截面上的剪力和弯矩,无论根据这个截面左侧还是右侧来计算,所得结果的数值和符号都是一样的。

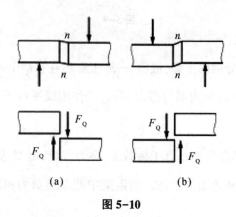

图 5-10

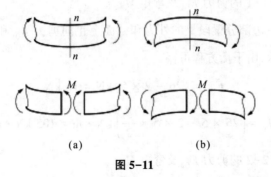

图 5-11

【例 5-1】求图 5-12(a)所示简支梁截面 1-1 及 2-2 剪力和弯矩。

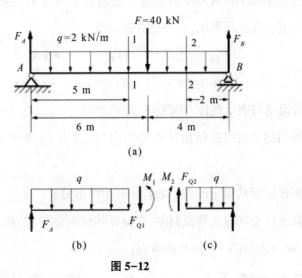

(a)

(b)　　　　　　(c)

图 5-12

【解】(1)计算梁的支座约束力。

由平衡方程

$$\sum M_A = 0, \ -F_B \times 10 - F \times 6 - q \times 10 \times 5 = 0$$

$$F_B = 34 \ \text{kN}$$

$$\sum F_y = 0$$

$$F_A + F_B - 10 \ \text{kN} - 2 \times 10 \ \text{kN} = 0$$

$$F_A = 26 \ \text{kN}$$

（2）求截面 1-1 的剪力 F_{Q1} 及弯矩 M_1。

截面 1-1 左边部分梁段上的外力和截面上正向剪力 F_{Q1} 和正向弯矩 M_1 如图 5-12（b）所示，由平衡方程可得

$$F_{Q1} = (26 - 2 \times 5)\,kN = 16\,kN$$

$$M_1 = \left(26 \times 5 - 2 \times 5 \times \frac{5}{2}\right)kN \cdot m = 105\,kN \cdot m$$

（3）求截面 2-2 的剪力 F_{Q2} 及弯矩 M_2。

截面 2-2 右边部分梁段上外力较简单，故求截面 2-2 的剪力和弯矩时，取该截面的右边梁段为研究对象较适宜。设截面 2-2 上有正向剪力 F_{Q2} 和正向弯矩 M_2，如图 5-12（c）所示，由平衡方程可得

$$F_{Q2} = (2 \times 25 - 34)\,kN = -16\,kN$$

$$M_2 = (2 \times 2 \times 1 - 34 \times 2)\,kN \cdot m = -64\,kN \cdot m$$

F_{Q2} 得负值，说明与图示假设方向相反，即为负剪力。

由上面的例子可以总结出计算梁的内力-剪力 F_Q 和弯矩 M 的一般步骤如下：

①用假设截面从指定的截面处将梁截为两部分；

②以其中任意部分为研究对象，在截开的截面上按 F_Q 和 M 的符号规则先假设为正，画出未知的 F_Q 和 M 的方向；

③应用平衡方程 $\sum F_y = 0$ 和 $\sum M_O = 0$，计算 F_Q 和 M 的值，其中 O 点一般取截面的形心；

④根据计算结果，结合题意判断 F_Q 和 M 的方向。

2. 直接由外力求剪力和弯矩的方法

由上例可以看出，用截面法求梁任意截面上的剪力和弯矩时一般比较烦琐。然而，根据截面法求得任意截面上的剪力和弯矩的结果，可以得到下述两个规律：

①某一截面的剪力等于此截面一侧（左侧或右侧）所有外力（包括载荷和约束力）沿着与杆轴垂直方向投影的代数和，即 $F_Q = F_{\text{一侧}}$。

②某一截面的弯矩等于此截面一侧(左侧或右侧)所有外力(包括载荷和约束力)对此截面形心的力矩的代数和,即 $M = \sum (m_0 (F)_{一侧})$。

这样就可以利用这两个规律,直接写出任意截面上的剪力和弯矩。为了使所求得的剪力和弯矩的正负号也符合上述规定,应注意:

①按此规则列剪力计算式时,凡截面左侧梁上所有向上的外力或截面右侧梁上所有向下的外力都产生正的剪力,故均取正号,反之为负。

②在列弯矩计算式时,凡截面左侧梁上外力对截面形心之矩为顺时针转向或截面右侧外力对截面形心之矩为逆时针转向都将产生正的弯矩,故均取正号,反之为负。

上述这个规则可以概括为"左上右下,剪力为正;左顺右逆,弯矩为正"的口诀。利用上述规律,在求弯曲内力时,可不再列出平衡方程,而是直接根据截面左侧或右侧梁上的外力来确定横截面上的剪力和弯矩,从而简化了求内力的计算步骤。

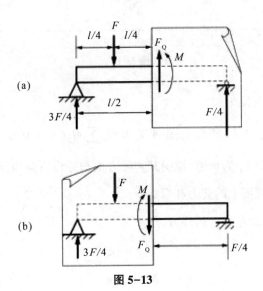

图 5-13

例如,图 5-13(a)所示的简支梁,已知所受载荷为 F,并且已求得左、右端的支座约束力分别为 $\dfrac{3F}{4}$ 和 $\dfrac{F}{4}$。若用这个方式求中间截面的建立和弯矩时,如

欲取左段梁为研究对象,只需假设用一张纸将右段盖住[图5-13(a)],根据左段梁上的外力,即可直接写出

$$F_Q = \frac{F}{4} - F = -\frac{F}{4}$$

$$M = \frac{F}{4} \times \frac{1}{2} = \frac{Fl}{8}$$

可见计算过程简化了不少。

【例5-2】外伸梁受载如图5-14所示,已知 q、a,试求图中各指定截面上的剪力和弯矩。图中截面2、3分别为约束力 F_A 作用处的左、右邻截面(即面2、3间的间距趋于无穷小量),截面4、5亦为集中力偶矩 M_{y0} 的左右邻截面。截面6为约束力 F_B 作用处的左邻截面。

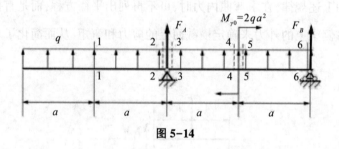

图5-14

【解】(1)求其反力。

设支反力 F_A 和 F_B 均向上,由平衡方程 $\sum M_B(F) = 0$ 和 $\sum M_A(F) = 0$,得 $F_A = -5qa$,$F = qa$。F_A 为负值,说明其实际方向与原设方向相反。

(2)求指定截面上的剪力和弯矩。

考虑1-1截面左段上的外力,得

$$F_{Q1} = qa$$

$$M_1 = 2qa$$

考虑2-2截面左段上的外力,得

$$F_{Q2} = qa$$

$$M_2 = 2qaa = 2qa^2$$

考虑 3-3 截面左段上的外力，得

$$F_{Q3} = 2qa + F_A = 2qa + (-5qa) = -3qa$$

$$M_3 = 2qaa + F_A \times 0 = 2qa^2$$

考虑 4-4 截面右段上的外力，得

$$F_{Q4} = qa$$

$$M_4 = 2qa$$

考虑 5-5 截面右段上的外力，得

$$F_{Q5} = qa$$

$$M_5 = 2qa$$

考虑 6-6 截面右段上的外力，得

$$F_{Q6} = -F_B = -qa$$

$$M_6 = 0$$

四、剪力图和弯矩图

由以上的分析计算可以得出，一般来说，弯曲时任一截面上既有剪力 F，又有弯矩 M，而且不同的截面上有不同的剪力和弯矩，情况是比较复杂的。为了了解全梁中剪力和弯矩变化情况并获得梁中最大剪力和弯矩，一般需画剪力图和弯矩图。绘制梁的剪力图和弯矩图方法很多，本节先介绍绘制的基本方法，即列出梁的剪力和弯矩方程，按方程绘图。

如果以横坐标表示横截面在梁轴线上的位置，则各横截面上的剪力和弯矩，可以表示为的函数，即

$$F_Q = F_Q(x) ; M = M(x)$$

以上函数式分别称为梁的剪力方程和弯矩方程。

剪力方程和弯矩方程的建立仍然是用截面法，或利用截面一侧所有外力直接写出任意梁段上的剪力方程和弯矩方程。

在列方程时，一般将坐标的原点取在梁的左端。作图时，要选择一个适当

的比例尺,以横截面位置为横坐标,剪力和弯矩 M 值为纵坐标,并将正剪力和正弯矩画在轴的上边,负的画在轴下边,这样所得的图线,称为剪力图和弯矩图。下面用例题来说明这个方法。

【例5-3】如图5-15(a)所示,一悬臂梁 AB 在自由端受集中力 F 作用。试作此梁的剪力图和弯矩图。

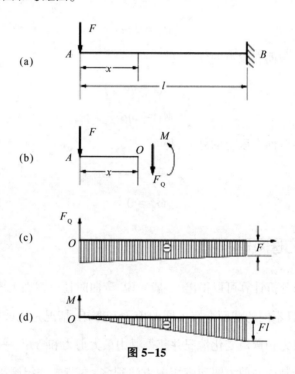

图 5-15

【解】(1)列剪力方程和弯矩方程。

以梁的左端 A 点取作坐标原点,在求此梁距离左端为的任意横截面上的剪力和弯矩时,不必求出梁支座约束力,而可根据截面左侧梁的平衡求得

$$F_Q = -F \quad (0 < x < l) \tag{a}$$

$$M = -F_x \quad (0 \leqslant x < l) \tag{b}$$

式(a)和式(b)这就是此梁的剪力方程和弯矩方程。

(2)画剪力图和弯矩图。

式(a)表明,剪力 F_Q 与 x 无关,故剪力图是水平线[图5-15(c)];式(b)表明,弯矩 M 是 x 的一次函数,故弯矩图是一条倾斜直线,需要由图线的两个点来确定这条直线。当 $x=0$ 时,$M=0$;当 $x=1$ 时,$M=-Fl$[图 5-15(d)]。由此可画出梁的剪力图和弯矩图,分别如图 5-15(c)、(d)所示。

由图 5-15(d)可见,此悬臂梁的弯矩的最大值出现在固定端 B 处,其绝对值为 $|M|_{max}=Fl$。可见,此弯矩在数值上等于梁固定端的约束力偶矩

$$|M|_{max}=|M_B|=Fl$$

【例 5-4】图 5-16(a)所示外伸梁上均布载荷的集度为 $q=3$ kN/m,集中力偶矩 $M_e=3$ kN·m。列出剪力方程和弯矩方程,并绘制 F_Q、M 图。

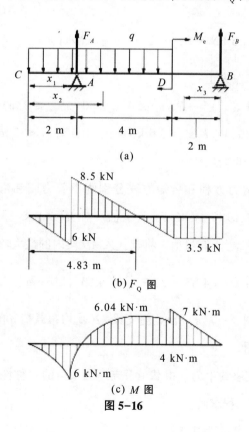

(a)

(b) F_Q 图

(c) M 图

图 5-16

【解】(1)计算梁的支座约束力。

由平衡方程及 $\sum M_A=0$ 及 $\sum M_B=0$ 解得

$$F_A=14.5 \text{ kN}, F_B=3.5 \text{ kN}$$

（2）列剪力方程和弯矩方程。

CA 段：

$$F_Q(x_1) = -qx_1 = -3 \text{ kN/m} \times x_1 \quad (0 \leqslant x_1 \leqslant 2 \text{ m})$$

$$M(x_1) = -\frac{1}{2}qx_1^2 = -\frac{3}{2} \text{ kN/m} \times x_1^2 \quad (0 \leqslant x_1 \leqslant 2 \text{ m})$$

AD 段：

$$F_Q(x_2) = F_A - qx_2 = 14.5 \text{ kN} - 3 \text{ kN/m} \times x_2 \quad (2 \text{ m} \leqslant x_1 \leqslant 6 \text{ m})$$

$$M(x_2) = F_A(x_2 - 2 \text{ m}) - \frac{1}{2}qx_2^2$$

$$= 14.5 \text{ kN} \times (x_2 - 2 \text{ m}) - \frac{3}{2} \text{ kN/m} \times x_2^2 \quad (2 \text{ m} \leqslant x_2 \leqslant 6 \text{ m})$$

DB 段：取 x 向左为正

$$F_Q(x_3) = -F_B - 3.5 \text{ kN}_1 \quad (0 \leqslant x_3 \leqslant 2 \text{ m})$$

$$M(x_3) = F_Bx_3 = 3.5 \text{ kN} \times x_3 \quad (0 \leqslant x_3 \leqslant 2 \text{ m})$$

（3）画剪力图和弯矩图。

由上述各个剪力方程和弯矩方程分别画出剪力图和弯矩图，如图 5-16 (b)、(c)所示。在 AD 段上，$M(x_2)$ 有极值。对 $M(x_2)$ 求一阶导，并令其为零，可求得=4.83 m 处，弯矩有极值。将其代入 AD 段内的最大弯矩为

$$M_{\max} = \left[14.5 \times (4.83 - 2) - \frac{3}{2} \times 4.83^2 \right] \text{ kN} \cdot \text{m} = 6.04 \text{ kN} \cdot \text{m}$$

【例 5-5】如图 5-17(a)所示，简支梁 AB 受均布载荷 q 的作用。试作此梁的剪力图和弯矩图。

【解】（1）求支座约束力。由载荷及支座约束力的对称性可知，两个支座约束力相等，故可列方程求解。

（2）列剪力方程和弯矩方程。

以梁左端 A 点为坐标原点，距左端为的任意横截面[图 5-17(b)]上的剪力和弯矩为

$$F_Q = F_A - qx \quad (0 < x < l) \tag{a}$$

$$M = F_A x - qx\frac{x}{2} = \frac{ql}{2}x - \frac{qx^2}{2} \quad (0 \leqslant x \leqslant l) \tag{b}$$

式(a)和(b)即为梁的剪力方程和弯矩方程。

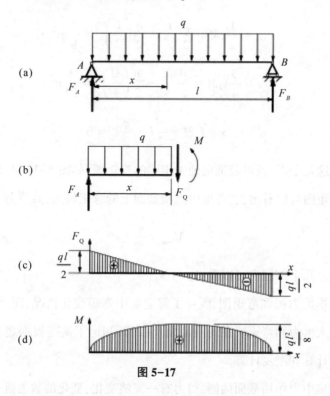

图 5-17

(3)作剪力图和弯矩图。

由剪力方程知剪力 F_Q 是 x 的一次函数,故剪力图是一条斜直线,只需确定两点的剪力值(如截面 A 和 B),剪力方程为

$$F_{QA} = \frac{ql}{2}, F_{QB} = -\frac{ql}{2}$$

由剪力图[图5-17(c)]可知,最大剪力在 A、B 两截面处,其值为

$$|F_Q|_{max} = \frac{ql}{2}$$

由弯矩方程知弯矩 M 是 x 的二次函数,故弯矩图是一条二次抛物线。为了画出此抛物线,要适当地确定曲线上几个点的弯矩值,即

$$x = 0, M = 0$$

$$x = \frac{1}{4}, M = \frac{ql}{2}\frac{l}{4} - \frac{q}{2}\left(\frac{l}{4}\right)^2 = \frac{3}{32}ql^2$$

$$x = \frac{1}{2}, M = \frac{ql}{2}\frac{l}{2} - \frac{q}{2}\left(\frac{l}{2}\right)^2 = \frac{1}{8}ql^2$$

$$x = \frac{3}{4}l, M = \frac{ql}{2}\frac{3l}{4} - \frac{q}{2}\left(\frac{3l}{4}\right)^2 = \frac{3}{32}ql^2$$

$$x = l, M = \frac{ql}{2}l - \frac{q}{2}l^2 = 0$$

通过这几个点,就可较准确地画出梁的弯矩图,如图5-17(d)所示。

由弯矩图可以看出,在跨度中点横截面上的弯矩最大,其值为

$$M_{\max} = \frac{ql^2}{8}$$

从以上几个例题中可以看出:

①根据剪力图和弯矩图,既可了解全梁中弯矩变化情况,而且还很容易找出梁内最大剪力和弯矩所在的横截面及数值,知道了这些数据之后,才能进行梁的强度计算和刚度计算。

②在集中力作用截面两侧,剪力有一突然变化,变化的数值就等于集中力。这种现象的出现,好像在集中力和集中力偶矩作用处的横截面上的剪力和弯矩没有确定的数值。但事实上并非如此,这是因为所谓集中力实际上不可能“集中”作用于一点,它实际上是分布于一个微段 Δx 内的分布力经简化后得出的结果[图5-18(a)]。若在此范围内把载荷看作均布的,则剪力将连续地从 F_{Q1} 变到 F_{Q2}[图5-18(b)]。对集中力偶作用的截面,也可做同样的解释。

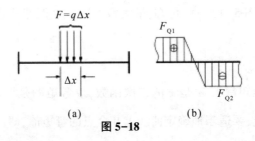

(a)   (b)

图5-18

五、载荷集度、剪力和弯矩的微分关系

研究表明,梁上任意截面上的弯矩、剪力和作用于该截面处的载荷集度之间存在着一定的微分关系。

如图 5-19(a)所示简支直梁,设梁上作用着任意载荷,坐标原点选在梁的左端截面形心(即支座 A 处), x 轴向右为正,分布载荷以向上为正。在距坐标原点为 x 和 $x+\mathrm{d}x$ 的两处,以两个横截面切取微段 $\mathrm{d}x$[图 5-19(b)],并规定梁上分布载荷的方向与 y 轴方向一致为正。设在 x 处的横截面上有剪力 $F_\mathrm{Q}(x)$ 和弯矩 $M(x)$,当 x 有一定增量 $\mathrm{d}x$ 时,相应的剪力和弯矩增量为 $\mathrm{d}F_\mathrm{Q}(x)$ 和 $M(x)$,则在 $x+\mathrm{d}x$ 处横截面上的剪力和弯矩为 $F_\mathrm{Q}(x)+\mathrm{d}F_\mathrm{Q}(x)$ 和 $M(x)+\mathrm{d}M(x)$,现列出所取微段的平衡方程,得

$$\sum F_y = 0, F_\mathrm{Q}(x) - [F_\mathrm{Q}(x) + \mathrm{d}F_\mathrm{Q}(x)] + q(x)\mathrm{d}x = 0 \qquad (\mathrm{a})$$

$$\sum M_c(F) = 0, M(x) + \mathrm{d}M(x) - M(x) - F_\mathrm{Q}(x)\mathrm{d}x - q(x)\mathrm{d}x\frac{\mathrm{d}x}{2} = 0 \quad (\mathrm{b})$$

将式(a)和式(b)略去二阶微量后,化简可得

$$\left.\begin{array}{l} \dfrac{\mathrm{d}F_\mathrm{Q}(x)}{\mathrm{d}x} = q(x) \\[3mm] \dfrac{\mathrm{d}M(x)}{\mathrm{d}x} = F_\mathrm{Q}(x) \end{array}\right\} \dfrac{\mathrm{d}^2M}{\mathrm{d}x^2} = \dfrac{\mathrm{d}F_\mathrm{Q}(x)}{\mathrm{d}x} = q(x) \qquad (5-1)$$

式(5-1)表明了同一截面处 $M(x)$、$F_\mathrm{Q}(x)$ 与 $q(x)$ 三者之间的微分关系。剪力图上某点处的斜率等于所对应横截面处的载荷集度;弯矩图上某点处的斜率等于所对应横截面处的剪力;弯矩图上某点处的二阶导数等于所对应横截面处的载荷集度。

根据上述导数关系,容易得出下面一些推论。这些推论对绘制或校核剪力图和弯矩图是很有帮助的。

①在梁的某一段时,若无分布载荷作用,即 $q(x) = 0$。由 $\dfrac{\mathrm{d}F_\mathrm{Q}(x)}{\mathrm{d}x} = q(x) = 0$

可知,在这一段内 $F_Q(x)=$ 常数,即剪力图是平行于 x 轴的直线。$\dfrac{\mathrm{d}M(x)}{\mathrm{d}x}=$

$F_Q(x)=$ 常数可知,$M(x)$ 是 x 的一次函数[当 $F_Q(x)=0,M(x)=$ 常数],弯矩图是斜直线[当 $F(x)=0$ 时,弯矩图为水平线]。

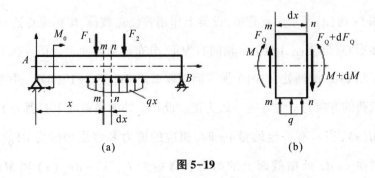

(a)   (b)

图 5-19

②在梁的某一段内,若作用均布载荷,即 $q(x)=$ 常数,则由 $\dfrac{\mathrm{d}^2M(x)}{\mathrm{d}x^2}=$

$\dfrac{\mathrm{d}F_Q(x)}{\mathrm{d}x}=q(x)=$ 常数可知在这一段内 $F_Q(x)$ 是的一次函数,$M(x)$ 是 x 的二次函数。因而剪力图是斜直线,弯矩图是二次抛物线。

若均布载荷 $q(x)$ 是向下作用的,则因向下的 $q(x)$ 为负,故 $\dfrac{\mathrm{d}^2M(x)}{\mathrm{d}x^2}=$

$q(x)<0$,这表明弯矩图应为向上凸的抛物线;反之,若均布载荷 $q(x)$ 是向下作用的,则弯矩图应为向下凸的抛物线。

③在梁的某一截面,若 $\dfrac{\mathrm{d}M(x)}{\mathrm{d}x}=F_Q(x)=0$,则在这一截面上弯矩取极大值(或极小值),即弯矩的极值发生在剪力为零的截面上。

④利用式(5-1),设 $q(x)$ 及 $F_Q(x)$ 在 x_1 与 x_2 之间是连续数,经积分得

$$F_Q(x_2)-F_Q(x_1)=\int_{x_1}^{x_2}q(x)\mathrm{d}x \qquad (5-2)$$

$$M(x_2)-M(x_1)=\int_{x_1}^{x_2}F_Q(x)\mathrm{d}x \qquad (5-3)$$

式(5-2)、式(5-3)表明,对于如图 5-19 所示的坐标系,当 $x_2>x_1$ 时,任意

两截面上的剪力之差,等于该两截面间载荷图的面积;任意两截面上的弯矩之差,等于该两截面间的剪力图的面积。以上所述的关系,亦称为"面积增量法",此方法可用于剪力图和弯矩图的绘制与校核。

⑤在集中力的作用截面的左、右两侧,剪力图有一突然变化,变化量为集中力的数值;在集中力偶作用的左、右两侧,弯矩图有一突然变化,变化量为集中力偶矩的数值。

现将上述的均布载荷、剪力和弯矩之间的关系以及剪力图、弯矩图的一些特征汇总整理为表 5-1,以供参考。注意表中所述的规律要求从左向右绘制剪力图和弯矩图。

表 5-1 梁在均布载荷、集中力和集中力偶作用下剪力图和弯矩图

梁上外力情况	无载荷作用段	有均布载荷作用段	集中力 F 作用的截面	集中力偶 M 作用
剪力方程	常数	一次函数	无定义	有定义
剪力图的特征	与轴线平行的直线 ⊕ 或 ⊖(或为零)	斜直线:q 向下作用,F_Q 图向下斜\;q 向上作用,F_Q 图向上斜/	有突变,突变值为 F,突变方向与 F 的作用方向一致	左右无变化 —·— C
弯矩方程	一次函数(或为常数)	二次函数	有定义	无定义
弯矩图的特征	斜直线/或\(或—)	二次抛物线:q 向下,M 图向上凸;q 向上,M 图向下凸	有折角 ∨ 或 ∧	有突变,突变值为 M,突变方向为:M 顺时针,M 图向上突变 M 逆时针,M 图向下突变
剪力图、弯矩图之间的关系	F_Q 图为正,M 图递增 F_Q 图为负,M 图递减 F_Q 图为零,M 图不增不减为水平线	F_Q 图为正,M 递增;F_Q 图为负,M 图递减;F_Q 图由正变负,在 $F_Q=0$ 的截面,M 图取最大值;F_Q 图由负变正,F_Q 在 $=0$ 的截面,M 图取极小值		

前面介绍了绘制剪力图和弯矩图的基本方法，即根据剪力方程和弯矩方程绘制剪力图和弯矩图。但是，当梁上作用的载荷很多时，相应的剪力方程和弯矩方程就要分成许多段来考虑，这样一来，要想绘制出该梁的剪力图和弯矩方程，从而使得绘制剪力图和弯矩图的工作量大大增加。下面通过例题来介绍利用 $q(x)$，$F_Q(x)$ 和 $M(x)$ 间的微分关系及如表 5-1 所示的剪力图和弯矩图的特征，在不写出梁各段的剪力方程和弯矩方程的情况下，直接绘制剪力图和弯矩图。

【例 5-6】作如图 5-20(a)所示外伸梁的剪力图和弯矩图，并求 $|F_Q|$ 和 $|M|$。

【解】由静力平衡方程，求得支座约束力为

$$F_{Ay} = 2ql, F_{By} = -2ql$$

根据梁所受的外力，将该梁分为四段，即 CA、AD、DB 和 BE。再根据表 5-1 可知，在 CA 和 BE 两段，剪力图为斜直线，弯矩图为二次抛物线；在 AD 和 DB 两段剪力图为水平线，弯矩图为斜直线；在 A、B 两截面，有集中力 F_{Ay}、F_{By} 作用，故剪力图有突变；在 D 截面，有集中力偶矩 M_e 作用，故弯矩图有突变。各截面的坐标值可根据来确定。最后，从左至右，就可作出全梁的剪力图和弯矩图，如图 5-20(b)(c)所示。从图中可知，$|F_Q|_{max} = ql$，$|M|_{max} = \dfrac{ql^2}{2}$。

$$F_Q(x_2) - F_Q(x_1) = \int_{x_1}^{x_2} q(x)\,\mathrm{d}x$$

$$M(x_2) - M(x_1) = \int_{x_1}^{x_2} F_Q(x)\,\mathrm{d}x$$

在例 5-6 中可以看出：该梁所承受的载荷对于 D 截面是对称载荷，则剪力图对于 D 截面是正对称，而弯矩图对于 D 截面是反对称。同理可证明：若梁所承受的载荷对某一截面是对称，则剪力图对该截面是反对称，而弯矩图对该截面是对称。

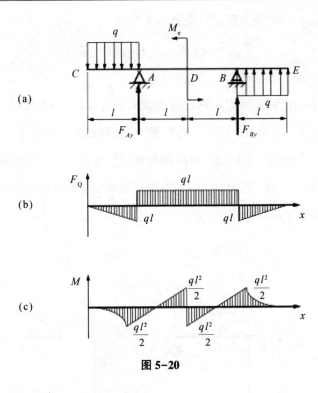

图 5-20

六、平面刚架与曲杆的内力

1.平面刚架

（1）刚架的概念。

工程中,某些机器的机身或机架的轴线是几段直线组成的折线,如压力机框架、轧钢机架等,而组成机架的各部分在其连接处的夹角不能改变,即在连接处各部分不能相对转动,这种连接称为刚节点。由刚节点连接成的框架结构称为刚架。刚架横截面上的内力一般有轴力、剪力和弯矩。

（2）平面刚架弯矩图的绘制。

下面用例题说明刚架弯矩图的绘制。其他内力图,如轴力图或剪力图,需要时也可按相似的方法绘制。

【例5-7】如图5-21(a)所示刚架 *ABC*,设在 *AC* 段承受均布载荷 *q* 作用,试分析刚架的内力,画出弯矩图。

【解】(1)利用平衡方程求出支座约束力。

$$F_{RAx} = 2qa, F_{RAy} = 2qa, F_{RB} = 2qa$$

(2)计算各杆的弯矩。

计算竖杆 AC 中坐标为 x_1 的任意横截面的弯矩时,设想置身于刚架内,面向 AC 杆看过去。于是 AC 杆原来的左侧为上,原来的右侧为下。随后判定弯矩正负的方法与水平梁的完全一样,即使弯矩变形凸向"下"(即向右)的弯矩为正,反之为负。用截面以"左"的外力来计算弯矩,则"向上"的 F_{RA} 引起正弯矩;"向下"的 q 引起负弯矩。

$$M(x_1) = F_{RAx}x_1 - \frac{1}{2}qx^2 = 2qax_1 - \frac{1}{2}qx_1^2$$

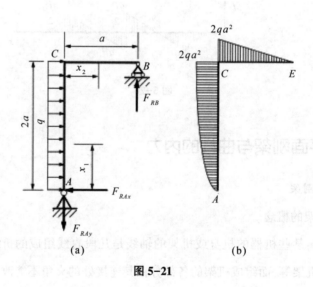

图 5-21

计算横杆 CB 中坐标为 x_2 的横截面的弯矩时,用截面右侧的外力来计算

$$M(x_2) = F_{RB}(a - x_2) = 2qa(a - x_2)$$

(3)绘制刚架的弯矩图。

绘弯矩图时,约定把弯矩图画在杆件弯曲变形凹入的一侧,亦即画在受压的一侧。例如 AC 杆的弯曲变形是左侧凹入,右侧凸出,故弯矩图画在左侧,如图 5-21(b)所示。

2.平面曲杆的内力

工程中有一些构件,其轴线是一条平面曲线,如曲杆[图 5-22(a)]、吊钩、链环、拱等,这类构件称为曲杆。平面曲杆横截面上的内力通常包含轴力、剪力和弯矩。下面举例说明平面曲杆内力的计算方法和内力图的绘制。

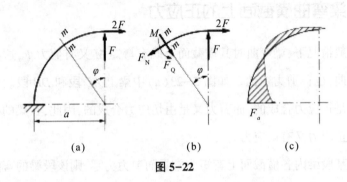

图 5-22

【例 5-8】如图 5-22(a)所示是轴线为四分之一圆周的曲杆。试作曲杆的弯矩图。

【解】由于曲杆的上端为自由端,无须先求支座约束力就可计算横截面 m-m 上的内力。内力一般有轴力、剪力和弯矩。曲杆在 m-m 截面以右的部分示于图 5-22(b)中。把这部分上的内力和外力,向 m-m 截面处曲杆轴线的切线和法线方向投影,并对 m-m 截面的形心取矩,由这三个平衡方程便可求得

$$F_N = F\sin\varphi + 2F\cos\varphi$$

$$F_Q = F\cos\varphi - 2F\sin\varphi$$

$$M = 2F_a(1 - \cos\varphi) - F_a\sin\varphi$$

关于内力的正负号,规定为:引起拉伸变形的轴力 F 为正;使轴线曲率增加的弯矩 M 为正;以剪力 F_Q 对所考虑的部分曲杆内任一点取矩,若力矩为顺时针方向,则剪力 F_Q 为正。按照这一正负号规则,在图 5-22(b)中,F_N 和 M 为正,而 F_Q 为负,即上面第二式右边应冠以负号。

作弯矩图时,M 画在曲杆在弯曲中受压的一侧,并沿曲杆轴线的法线标出杆的 M 数值[图 5-22(c)]。

第二节 弯曲应力

一、梁弯曲横截面上的正应力

在一般情况下,梁弯曲时其横截面上既有弯矩 M 又有剪力 F,这种弯曲称为横力弯曲,也称剪力弯曲。如图 5-23(a)中梁上 AC 段和 DB 段。梁横截面上的弯矩是正应力合成的,而剪力又是由切应力合成的,因此,在梁的横截面上一般既有正应力又有切应力。

如果某段梁内各横截面上弯矩为常量而剪力为零,则该段梁的弯曲称为纯弯曲。图 5-23(a)中梁上的 CD 段就属于纯弯曲,纯弯曲时梁的横截面上不存在切应力,仅有正应力。

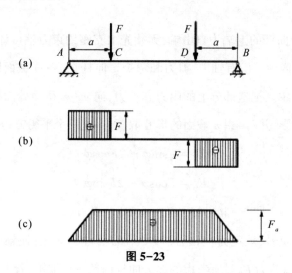

图 5-23

1.纯弯曲时梁横截面上的正应力

先针对纯弯曲情况分析应力和弯矩的关系,导出纯弯曲梁的应力计算公式。

(1)梁在纯弯曲时的实验观察。

为了分析计算梁在纯弯曲情况下的应力,必须先研究梁在纯弯曲时的变形现象。为此,先做一个简单的实验。取容易变形的材料(如橡胶)制成一根矩形截面的梁[图5-24(a)]。先在梁的表面上画出两条与轴向平行的纵向直线 *aa* 和 *bb*,以及与轴线垂直的横向直线 *m-m* 和 *n-n*。设想梁是由无数层纵向纤维组成的,于是纵向直线代表纵向纤维,横向直线代表各个横截面的周边。当梁段在该梁的两端受到一对大小相等、转向相反的外力偶的作用时[图5-24(b)],该梁段的弯曲为纯弯曲。发生纯弯曲变形时,可观察到下列一些现象[图5-24(c)]:两条纵线 *aa* 和 *bb* 弯曲曲线 *a′a′* 和 *b′b′*,且靠近底面的纵线 *bb* 伸长了,而靠近顶面的纵线 *aa* 缩短了。

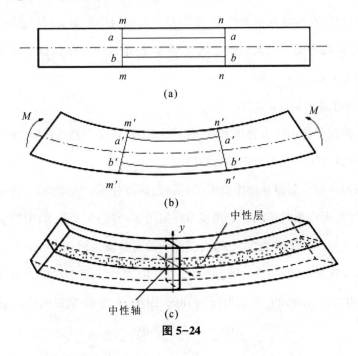

图 5-24

①两条横线仍保持为直线 *m′-m′* 和 *n′-n′*,只是相互倾斜了一个角度,但仍垂直于弯曲曲线的纵线。

②在纵线伸长区,梁的宽度减小;在纵线缩短区,梁的宽度增大。情况与轴向拉伸、压缩时的变形相似。

(2)推断和假设。

根据上述矩形截面梁的纯弯曲实验,可以做出如下假设:

①梁在纯弯曲时,各横截面始终保持为平面,并垂直于梁轴,此即弯曲变形的平面假设。

②纵向纤维之间没有相互挤压,每根纵向纤维只受到简单拉伸或压缩。根据平面假设,当梁按[图5-24(b)]方向弯曲时,其底部各纵向纤维伸长,顶部各纵向纤维缩短,而纵向纤维的变形沿截面高度应该是连续变化的。所以,从伸长到缩短区,中间必有一层纤维既不伸长也不缩短,这一长度不变的过渡层称为中性层[图5-24(c)]。中性层与横截面的交线称为中性轴。在平面弯曲的情况下,显然中性轴必然垂直于截面的纵向对称轴。

概括地说,在纯弯曲的条件下,所有横截面仍保持平面,只是绕中性轴做相对转动,横截面之间并无互相错动的变形,而每根纵向纤维则处于简单的拉伸或压缩的受力状态。

(3)纯弯曲时梁的正应力。

纯弯曲时梁的正应力分析方法与推导扭矩转切应力公式相似,也需要从几何、物理和静力学三个方面来综合考虑。

①几何方面。假想从梁中截取出的微段进行分析。梁弯曲后,由平面假设可知,两横截面将相对转动一个角度 $d\theta$,如图5-25(a)所示,图中的 p 为中性层的曲率半径。取梁的轴线为 x 轴,横截面的对称轴为轴,中性轴(其在横截面上的具体位置尚未确定)为 z 轴,如图5-25(b)所示。距中性层为的任一纵向线段 ab,由原长 $dx=pd\theta$,变化为 $(p-y)d\theta$。因此,线段 ab 的纵向线应变为

$$\varepsilon_x = \frac{(\rho - y)\,d\theta - \rho d\theta}{\rho d\theta} = -\frac{y}{\rho}$$

上式表明,纵向线段的线应变与其距中性层的距离成正比。负号表示在正弯矩作用下,中性层以上的纵向线段缩短,以下的纵向线段伸长。

②物理关系。由于等直梁段上没有横向力的作用,可假设纵向线段之间没有挤压,亦即处于单向拉伸或压缩的状态下,当应力不超过材料的比例极限时,由胡克定律可知横截面上正应力的分布规律为

$$\sigma = E\varepsilon_x = -E\frac{y}{\rho} \qquad (5-4)$$

即横截面上的正应力沿宽度均匀分布,沿高度呈线性规律变化,在中性轴各点处的正应力均为零[图5-26(a)]。

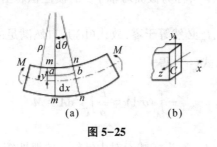

图 5-25

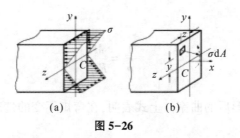

图 5-26

③静力关系。由于横截面上的内力分量只有作用于纵向对称平面内的弯矩 M[图5-27(b)]。因此,应力与内力分量间的静力关系为

$$F_N = \int_A \sigma dA = 0 \quad (a)$$

$$M_y = \int_A z\sigma dA = 0 \quad (b)$$

$$M_z = -\int_A y\sigma dA = M \quad (c)$$

将式(5-4)代入式(a)得

$$\int_A \sigma dA = -\frac{E}{\rho}\int_A y dA = -\frac{E}{\rho}S_z = 0$$

由于 $\frac{E}{\rho}$ 不可能为零,则要求横截面对中性轴的静矩 S_z 等于零,因此中性轴必须通过截面的形心。

将式(5-4)代入式(b),得

$$\int_A z\sigma \mathrm{d}A = -\frac{E}{\rho}\int_A zy\mathrm{d}A = 0$$

令积分 $\int_A yz\mathrm{d}A = I_{yz}$,称为截面对轴 y、z 的惯性积。由于轴 y 是横截面的对称轴,由对称性可知,I_{xy} 必然等于零,故式(b)是自然满足的。

将式(5-4)代入式(c),得

$$-\int_A y\sigma \mathrm{d}A = \frac{E}{\rho}\int_A y^2 \mathrm{d}A = M$$

令积分 $\int_A y^2 \mathrm{d}A = I_z$,称为横截面对中性轴 z 的惯性矩或截面二次轴矩。于是有

$$\frac{1}{\rho} = \frac{M}{EI_z} \qquad\qquad (5-5)$$

式中:$\frac{1}{\rho}$ 是梁变形后的曲率。上式表明,在弯矩不变的情况下,EI_z 越大,则曲率 $\frac{1}{\rho}$ 越小,即弯曲变形越小。故 EI_z 称为梁的弯曲刚度。

将式(5-5)代入式(5-4),即得对称弯曲梁纯弯曲时横截面上任一点处的正应力为

$$\sigma = -\frac{My}{I_z} \qquad\qquad (5-6)$$

横截面上的最大拉,压应力分别发生在离中性轴的最远处。当中性轴为截面的对称轴(如圆形、工字形截面)时,则最大拉,压应力在数值上是相等的,令 y_{max} 表示最远处到中性轴的距离,则

$$\sigma_{max} = \frac{My_{max}}{I_z} = \frac{M}{W_z} \qquad\qquad (5-7)$$

式中:$W_z = \dfrac{I_z}{y_{max}}$ 称为抗弯截面系数。

2.纯弯曲梁正应力公式的推广

如上所示,式(5-6)是以平面假设为基础,并按直梁受纯弯曲的情况下求得的。但梁一般为剪切弯曲,这是工程实际中最常见的情况。此时,梁的横截面不再保持为平面。同时,在与中性层平行的纵截面上还有横向力引起的挤压应力。但由弹性力学证明,对跨长 l 与横截面高度 h 之比大于 5 的梁,虽有上述因素,但横截面上的正应力分布规律与纯弯曲的情况几乎相同。这就是说,剪力和挤压的影响甚小,可以忽略不计。因而平面假设和纵向纤维之间互不挤压的假设,在剪切弯曲的情况下仍可适用。工程实际中最常见的梁,其 $\dfrac{1}{h}$ 的值远大于 5。因此,纯弯曲时的正应力公式可以足够精确地用来计算梁在剪切弯曲时横截面上的正应力。式(5-6)也可近似用于小曲率的曲梁,但有一定误差。

3.轴惯性矩和抗弯截面系数的计算平行轴定理

(1)梁在纯弯曲时的实验观察。

在应用式(5-6)计算梁的正应力时,需预先计算横截面对中性轴的惯性矩。对于一些简单图形的截面,如矩形、圆形等,可以直接根据惯性矩的定义,用积分的方法来计算。例如,为求图 5-27 所示矩形截面对中性轴 z 的惯性矩 I_z,可取宽为 b,高为 $\mathrm{d}y$ 的狭长条作为微面积,即取 $\mathrm{d}A = b\mathrm{d}y$,积分后得

$$I_z = \int_A y^2 \mathrm{d}A = \int_{-\frac{h}{2}}^{\frac{h}{2}} y^2 b \mathrm{d}y = \frac{bh^3}{12} \qquad (5-8)$$

用同样的方法得直径为 d 的圆形截面对通过圆心轴 z 的惯性矩为

$$I_z = \frac{\pi}{64} d^4 \qquad (5-9)$$

若是外径为 D 的圆环形截面,则

$$I_z = \frac{\pi}{64}(D^4 - d^4) = \frac{\pi D^4}{64}(1 - a^4) \qquad (5-10)$$

式中: $a = \dfrac{d}{D}$。

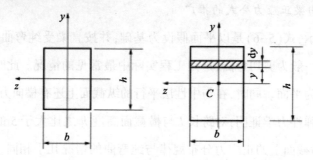

图 5-27

有时为了简便起见,将惯性矩表示为图形面积与某一长度平方的乘积,即

$$I_z = i_z^2 A$$

$$i_z = \sqrt{\frac{I_z}{A}} \qquad\qquad (5-11)$$

式中:i_z 为图形对轴 z 的惯性半径。例如,矩形[图 5-28(a)]对轴 z 惯性半径为

$$i_z = \sqrt{\frac{I_z}{A}} = \sqrt{\frac{bh^3}{12bh}} = \frac{h}{2\sqrt{3}}$$

同样可算得直径为 d 的圆形截面[图 5-28(b)]对任一形心轴的惯性半径为 $\frac{d}{4}$。

(2)抗弯曲截面系数的计算。

前已述及,抗弯曲截面系数 $W_z = \dfrac{I_z}{y_{max}}$,故对于如图 5-28(a)所示的矩形截面,有

$$W_z = \frac{I_z}{\frac{h}{2}} = \frac{\frac{bh^3}{12}}{\frac{h}{2}} = \frac{bh^2}{6} \qquad\qquad (5-12)$$

对于如图 5-28(b)所示的圆形截面,有

$$W_z = \frac{I_z}{\frac{d}{2}} = \frac{\frac{\pi d^4}{64}}{\frac{d}{2}} = \frac{\pi d^3}{32} \qquad\qquad (5-13)$$

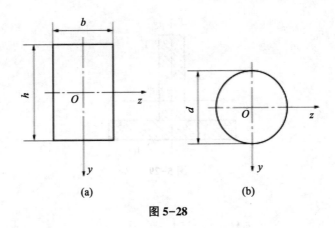

图 5-28

（3）平行轴定理。

工程上有许多梁的横截面形状是比较复杂的,有些梁的截面形状是由几个部分组成的,对于这种组合图形,根据惯性矩的定义,组合图形对某一轴的惯性矩应等于各个组成部分对同一轴的惯性矩之和。如图 5-29 所示的 T 形截面,可将其分为两个矩形,则整个截面对轴 z 的惯性矩等于两个矩形对轴 z 的惯性矩 $(I_z)_Ⅰ$,与 $(I_z)_Ⅱ$ 之和,即

$$I_z = (I_z)_Ⅰ + (I_z)_Ⅱ$$

在计算组合图形的各部分对整个截面中性轴的惯性矩时,往往会遇到这样的问题:中性轴并不通过各部分的形心,对中性轴的惯性矩并无简单的计算公式,如图 5-29 所示的 T 形截面就属于这样的情况。这时,可应用下述的平行轴定理进行计算。

设有任一形状的截面(图 5-30),轴 y 和轴 z 是通过形心的一对形心轴,已知截面对形心轴的惯性矩分别为 I_y 和 I_z。如另一对坐标轴 y_1 和轴 y_2 它们分别与轴 y 和轴 z 平行,平行轴之间的距离分别为 a 和 b。现求截面对平行轴 y_1 和轴 z_1 的惯性矩。

在截面上任取一微面积 dA,其在两坐标系的 (y, z) 与 (y_1, x_1) 之间的关系为

$$z_1 = z + a$$

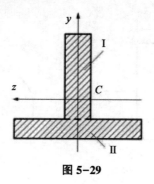

图 5-29

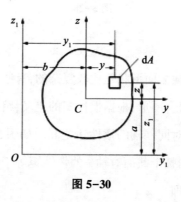

图 5-30

则

$$I_{y1} = \int_A z_1^2 \mathrm{d}A = \int_A (z + a)^2 \mathrm{d}A$$

$$= \int_A z^2 \mathrm{d}A + 2a \int_A z \mathrm{d}A + a^2 \int_A \mathrm{d}A$$

上式中等号右边的第一项是截面对形心轴 y 的惯性矩 I_y；第二项中的积分为截面对形心轴 y 的静矩，必然等于零；第三项中的积分为截面的面积 A。因此，上式可表达为

$$I_{y1} = I_y + a^2 A$$

$$I_{z1} = I_z + b^2 A \qquad (5-14)$$

同理，式(5-14)称为惯性矩的平行轴定理。

(4)弯曲正应力计算的分析与举例。

梁受弯曲时，其横截面上既有拉应力也有压应力。对于矩形、圆形和工字形这类截面,其中性轴为横截面的对称轴,故其最大拉应力和最大压应力的绝对值相等,如图5-31(a)所示;对于 T 形这类中性轴不是对称轴的截面,其最大拉应力和最大压应力的绝对值则不等,如图5-31(b)所示。对于前者的最大拉应力和最大压应力,可直接用式(5-7)求得;而对于后者,则应分别将截面受拉和受压一侧距中性轴最远的距离代入式(5-6)中,以求得相应的最大应力。

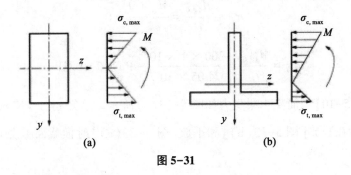

图 5-31

【例5-9】一矩形截面梁,如图5-32所示。计算1-1截面上 A、B、C、D 各点处的正应力,并指明是拉应力还是压应力。

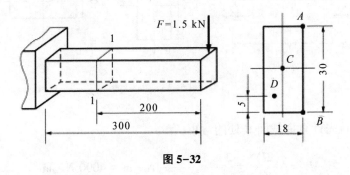

图 5-32

【解】(1)计算1-1截面上弯矩。

$$M_{1-1} = -F \times 200 \text{ mm}$$
$$= (-1.5 \times 10^3 \times 200 \times 10^{-3}) \text{N} \cdot \text{m}$$
$$= -300 \text{ N} \cdot \text{m}$$

(2)计算1-1截面惯性矩。

$$I_z = \frac{1.8 \times 3^3}{12} \text{ cm}^4 = 4.05 \text{ cm}^4 = 4.05 \times 10^{-8} \text{ m}^4$$

（3）计算1-1截面上各指定点的正应力。

$$\sigma_A = \frac{M_1 y_A}{I_z} = \frac{300 \times 1.5 \times 10^{-2}}{4.05 \times 10^{-8}} \text{ Pa} = 111 \text{ MPa（拉应力）}$$

$$\sigma_B = \frac{M_1 y_B}{I_z} = \frac{300 \times 1.5 \times 10^{-2}}{4.05 \times 10^{-8}} \text{ Pa} = 111 \text{ MPa（压应力）}$$

$$\sigma_C = \frac{M_1 y_C}{I_z} = \frac{M_1 \times 0}{I_z} = 0$$

$$\sigma_D = \frac{M_1 y_C}{I_z} = \frac{300 \times 1 \times 10^{-2}}{4.05 \times 10^{-8}} \text{ Pa} = 74.1 \text{ MPa}$$

【例5-10】一简支木梁受力如图5-33（a）所示。已知$q = 2$ kN/m，$l = 2$ m。试比较梁在竖放[图5-33（b）]和平放[图5-33（c）]时横截面C处的最大正应力。

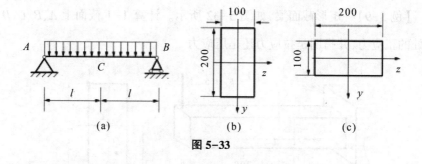

图5-33

【解】首先计算横截面C处的弯矩，有

$$M_C = \frac{q(2l)^2}{8} = \frac{2 \times 10^3 \times 4^2}{8} \text{ N} \cdot \text{m} = 4000 \text{ N} \cdot \text{m}$$

梁在竖放时，其抗弯截面系数为

$$W_{z1} = \frac{bh^2}{6} = \frac{0.1 \times 0.2^2}{6} \text{m}^3 = 6.67 \times 10^{-4} \text{ m}^3$$

故横截面C处的最大正应力为

$$\sigma_{\max 1} = \frac{M_C}{W_{z1}} = \frac{4000}{6.67 \times 10^{-4}} \text{ Pa} = 6 \times 10^6 \text{ Pa} = 6 \text{ MPa}$$

梁在平放时,其抗弯截面系数为

$$W_{z2} = \frac{bh^2}{6} = \frac{0.2 \times 0.1^2}{6} \text{ m}^3 = 3.33 \times 10^{-4} \text{ m}^3$$

故横截面 C 处的最大正应力为

$$\sigma_{\max2} = \frac{M_C}{W_{z2}} = \frac{4000}{3.33 \times 10^{-4}} \text{ Pa} = 12 \times 10^6 \text{ Pa} = 12 \text{ MPa}$$

显然,有

$$\frac{\sigma_{\max1}}{\sigma_{\max2}} = \frac{1}{2}$$

也就是说,梁在竖直时其危险截面处承受的最大正应力是平放时的一半。因此,在建筑结构中,梁一般采用竖放形式。

【例 5-11】T 形截面铸铁外伸梁的荷载和尺寸如图 5-34(a)所示,试求梁内的最大拉应力和压应力。

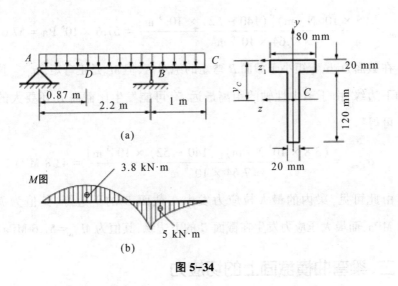

图 5-34

【解】(1)确定截面中性轴的位置并计算对中性轴的惯性矩。

取顶边轴 z_1 作参考轴,设截面形心到顶边的距离为 y,有

$$y_C = \frac{\sum A_i y_i}{\sum A_i} = \frac{(80 \times 20 \times 10 + 20 \times 120 \times 80) \text{ mm}^3}{(80 \times 20 + 20 \times 120) \text{ mm}^2} = 52 \text{ mm}$$

根据惯性矩的平行轴定理,求得截面对中性轴的惯性矩为

I_z

$$= \left[\frac{80 \times 20^3}{12} + 80 \times 20 \times (50 - 10)^3 + \frac{20 \times 120^3}{12} + 20 \times 120 \times (80 - 52)^2 \right] \text{mm}^4$$

$$= 764 \times 10^4 \text{ mm}^4 = 7.64 \times 10^{-6} \text{ m}^4$$

(2)作弯矩图。

弯矩图如图 5-34(b)所示,截面 B 有最大负弯矩,$M_B = -5 \text{ kN} \cdot \text{m}$;在 $x = 0.87 \text{ m}$ 处截面 D 剪力为零,弯矩有极值,其值为 $M_D = 3.8 \text{ kN} \cdot \text{m}$。

(3)求最大正应力。

截面 B 负弯矩的绝对值最大,上边缘有最大拉应力,下边缘有最大压应力,即

$$\sigma_{t,max} = \frac{(5 \times 10^3 \text{ N} \cdot \text{m})(52 \times 10^{-3} \text{ m})}{7.64 \times 10^{-6} \text{ m}^4} = 34 \times 10^6 \text{ Pa} = 34 \text{ MPa}$$

$$\sigma_{c,max} = \frac{(5 \times 10^3 \text{ N} \cdot \text{m})[(140 - 52) \times 10^{-3} \text{ m}]}{7.64 \times 10^{-6} \text{ m}^4} = 57.6 \times 10^6 \text{ Pa} = 57.6 \text{ MPa}$$

在截面 D,虽弯矩小于截面 B 弯矩的绝对值,但 M_D 是正弯矩,$\sigma_{t,max}$ 位于截面的下边缘,由于离中性轴的距离最远,有可能发生比截面 B 还要大的压应力。可得

$$\sigma_{t,max} = \frac{(3.8 \times 10^3 \text{ N} \cdot \text{m})[(140 - 52) \times 10^{-3} \text{ m}]}{7.64 \times 10^{-6} \text{ m}^4} = 43.8 \text{ MPa}$$

由此可见,梁内的最大拉应力发生在截面 D 的下边缘,其值为 $M_{max} = 43.8 \text{ MPa}$,而最大压应力发生在截面 B 的下边缘,其值为 $M_{max} = 57.6 \text{ MPa}$。

二、梁弯曲横截面上的切应力

在横力弯曲的情形下,梁的横截面上除了有弯曲正应力外,还有弯曲切应力。切应力在截面上的分布规律较正应力要复杂,本节不对其做详细讨论,仅对矩形截面梁、工字形截面梁、圆形截面梁和薄壁环形截面梁的切应力分布规律作一简单介绍,具体的推导过程可参阅其他较详细的材料力学教材(如范钦

珊教授主编的《材料力学》)。

1.矩形截面梁弯曲时横截面上的切应力

矩形截面梁的横截面如图 5-35(a)所示,其宽为 b,高为 h,截面上作用有剪力 F 和弯矩 M。为了强调切应力,图中未画出正应力。对于狭长矩形截面,由于梁的侧面上没有切应力,故横截面上侧边各点处的切应力必然平行于侧边,轴处的切应力必然沿着的方向。考虑到狭长矩形截面上的切应力沿宽度方向的变化不大,于是可作如下假设:①横截面上各点处的切应力均平行于侧边;②距中性轴 z 轴等距离的各点处的切应力大小相等。弹性理论分析的结果表明,对于狭长矩形截面梁,上述假设是正确的;一般高度大于宽度的矩形截面梁,在工程计算中也能满足精度要求。

根据以上假设,再利用静力平衡条件,就可以推导出矩形截面等直梁横截面上任一点处切应力的计算公式。此处略去推导过程,只给出结果

$$\tau = \frac{F_Q S_z^*}{I_z b} \qquad (5-15)$$

式中:F_Q 为横截面上的剪力;I_z 为横截面对中性轴 z 轴的惯性矩;b 为矩形截面的宽度;S_z^* 为横截面上距中性轴为 y 的横线以外部分的面积[即图 5-35(a)中的阴影部分面积]对中性轴的静矩。切应力 τ 的方向与剪力 F_Q 的方向相同。

$$S_z^* = b\left(\frac{h}{2} - y\right)\left(y + \frac{\frac{h}{2} - y}{2}\right) = \frac{b}{2}\left(\frac{h^2}{4} - y^2\right)$$

将上式代入式(5-15)中,即可得到截面上距中性轴为 y 处各点的切应力

$$\tau = \frac{F_Q}{2I_z}\left(\frac{h^2}{4} - y^2\right) \qquad (5-16)$$

对于矩形截面,静矩 S^* 等于所考虑面积与该面积形心到中性轴距离的乘积,即由式(5-16)可知,矩形截面上的切应力沿着截面高度按两次抛物线规律变化,如图 5-35(b)所示。在中性轴上各点处,切应力最大,其值为

$$\tau_{max} = \frac{F_Q h^2}{8I_z}$$

已知矩形截面对中性轴的惯性矩 $I_z = \dfrac{bh^3}{12}$，将其代入上式，即得

$$\tau_{max} = \frac{3F_Q}{2bh} = \frac{3F_Q}{2A} = 1.5\tau_{均} \tag{5-17}$$

式中：$A = bh$，为矩形截面的面积。从式（5-17）可以看出，矩形截面梁的最大切应力为其平均切应力的 1.5 倍。

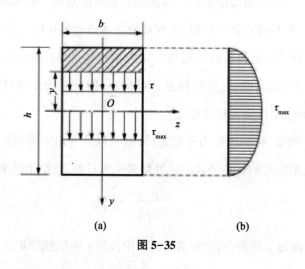

图 5-35

2.工字形截面梁弯曲时横截面上的切应力

在工程中经常要用到工字形截面梁，工字形截面可以简化为图 5-36(a) 所示的图形，由上、下平行于 x 轴的翼缘和中间垂直于 x 轴的腹板组成。在工字形截面的翼缘和腹板上的切应力分布是不同的，需要分别研究。首先分析工字形截面翼缘上的切应力分布。由于翼缘上、下表面没有切应力的存在，而且翼缘的厚度很薄，因此翼缘上的切应力主要是水平方向的切应力分量，平行于轴方向的切应力分量则是次要的。研究表明，翼缘上的最大切应力比腹板上的最大切应力要小得多，一般在强度计算时不予考虑。至于工字形截面的腹板，则可视为一狭长矩形，那么在研究矩形截面时的两个假设同样适用。于是，可由式（5-15）求得腹板上任一点处的切应力为

$$\tau = \frac{F_Q S_z^*}{I_z d} \tag{5-18}$$

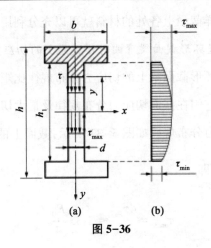

图 5-36

式中:F_Q 为横截面上的剪力;I_z 为工字形截面对中性轴 z 轴的惯性矩;d 为腹板厚度;S_z^* 为横截面上距中性轴为 y 的横线以外部分(含翼缘)的面积[即图 5-36(a)中的阴影部分面积] 对中性轴的静矩。腹板部分的切应力方向与剪力 F_Q 的方向相同,切应力的大小则同样是沿腹板高度按两次抛物线规律变化,其最大切应力也发生在中性轴上,如图 5-36(b)所示。这也是整个截面上的最大切应力,其值为

$$\tau_{\max} = \frac{F_Q S_{z \cdot \max}^*}{I_z d} \tag{5-19}$$

式中:$S_{z \cdot \max}^*$ 为中性轴任一边的半个横截面面积对中性轴 z 轴的静矩,在实际计算时,对于工字钢截面,上式中的 $\dfrac{I_x}{S_{z \cdot \max}^*}$ 可查型钢规格表中的 $\dfrac{I_x}{S_x}$ 得到。

由图 5-36(b)可见,腹板上的最大切应力和最小切应力相差不大,接近于均匀分布。由于截面上的剪力 F_Q 几乎全部(95%~97%)由腹板承担,因此在工程上常常用剪刀除以腹板面积来近似计算工字形截面梁的最大切应力,即

$$\tau_{\max} = \frac{F_Q}{bh_1} = \frac{F_Q}{A_1} \tag{5-20}$$

式中:$A_1 = dh_1$,为腹板的面积。

工字形截面梁在受弯时,切应力主要是由腹板承担,在弯曲正应力则主要

由上、下翼缘承担,这样截面上各处的材料就可以充分利用。

3.圆形截面和薄壁环形截面梁弯曲时横截面上的切应力

圆形截面和薄壁环形截面梁上的切应力分布规律比矩形截面还要复杂,此处不做推导。只给出它们在截面切应力分布规律及最大切应力的计算式。

①圆形截面切应力分布规律如图 5-37 所示,截面上的最大切应力为截面上平均切应力的 $\frac{4}{3}$ 倍即

$$\tau_{\max} = \frac{4\tau_{均}}{3} \approx 1.33\frac{F_Q}{A} \qquad (5-21)$$

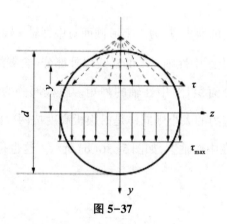

图 5-37

②薄壁环形截面上的切应力分布规律如图 5-38 所示,截面上的最大切应力为截面上平均切应力的 2 倍,即

$$\tau_{\max} = 2\tau_{均} = \frac{2F_Q}{A} \qquad (5-22)$$

式中:A 为截面的面积,$\tau_{均}$ 为截面上平均切应力。

从上面的分析可以看出,对于等直梁而言,其最大切应力发生在最大剪力所在横截面上,一般位于该截面的中性轴上。

三、梁的强度计算

前面已提到,梁在横力弯曲时,其横截面上同时存在着弯矩和剪力。因此,

一般应从正应力和切应力两个方面来考虑梁的强度计算。

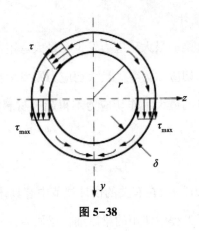

图 5-38

1.梁的正应力强度计算

对于等直梁来说,其最大弯曲正应力发生在最大弯矩所在截面上距中性轴最远(即上、下边缘)的各点处,而该处的切应力为零或与该处的正应力相比可忽略不计,因而可将横截面上最大正应力所在各点处的应力状态视为单轴应力状态。于是,可按照单轴应力状态下强度条件的形式来建立梁的正应力的强度条件:梁的最大工作正应力 σ_{max} 不得超过材料的许用弯曲正应力 $[\sigma]$,即

$$\sigma_{max} = \frac{M_{max}}{W_z} \leqslant [\sigma] \qquad (5-23)$$

材料的许用弯曲正应力一般近似取材料的许用拉(压)应力,或者按有关的设计规范选取。利用正应力强度条件式(5-23),即可对梁按照正应力进行强度计算,解决强度校核、截面设计和许可载荷的确定三类问题。

必须指出的是,对塑性材料而言,由于材料的抗拉和抗压的性能相同,因此对等截面直梁来说,危险截面仅有一个,即 $|M_{max}|$ 所在截面;而截面上的危险点也仅此截面上一点,即 $|y_{max}|$ 所在之点。对于用脆性材料(如铸铁)而言,由于材料的拉伸强度极限和压缩强度极限不相等,因此对等截面直梁来说,危险截面有两个,即正弯矩最大的截面和负弯矩最大的截面;而每个危险截面上危险点也有两个,即 y_{max} 和 y_{min} 所在之点。要满足全梁的强度,必须满足这四点

的强度。

2.梁的切应力强度计算

前面已提到,等直梁的最大正应力发生在最大弯矩所在横截面上距中性轴最远的各点处,该处的切应力为零。最大切应力则发生在最大剪力所在横截面的中性轴上各点处,梁的最大工作切应力不得超过材料的许用切应力,即切应力强度条件是

$$\tau_{max} \leqslant [\tau] \tag{5-24}$$

材料的许用切应力$[\tau]$在有关的设计规范中有具体的规定。

必须明确:在实际工程中使用的梁以细长梁居多,一般情况下,梁很少发生剪切破坏,往往都是弯曲破坏。也就是说,对于细长梁,其强度主要是由正应力控制的,按照正应力强度条件设计的梁,一般都能满足切应力强度要求,不需要进行专门的切应力强度校核。只有在以下情况下才需要对切应力进行强度校核:

①短梁和集中力离支座较近的梁;

②木梁;

③经焊接、铆接或胶合而成的梁;对焊缝、铆钉或胶合面等一般还要据弯曲剪应力进行剪切强度计算;

④薄壁截面梁或非标准的型钢截面。

3.梁的强度条件的应用举例

根据强度条件可以解决下述三类问题:

①强度校核。验算梁的强度是否满足强度条件,判断梁的工作是否安全。

②设计截面尺寸。根据梁的最大载荷和材料的许用切应力;确定梁截面的尺寸和形状,或选用合适的标准型钢。

③确定许用载荷。根据梁截面的形状和尺寸及许用应力,确定梁可承受的最大弯矩,再由弯矩和载荷的关系确定梁的许用载荷

【例5-12】一吊车[图5-39(a)]用No.32c工字钢制成,将其简化为一简支

梁[图 5-39(b)],梁长 $l=10$ m,自重力不计。若最大起重载荷为 $F=35$ kN(包括葫芦和钢丝绳),许用应力$[\sigma]=130$ MPa,试校核梁的强度。

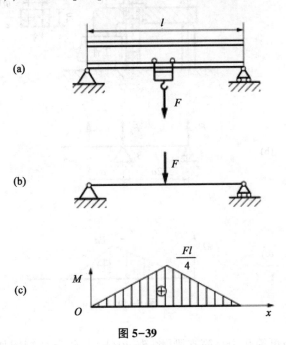

图 5-39

【解】(1)求最大弯矩。

当载荷在梁中点时,该处产生最大弯矩,从图 5-39(c)中可得

$$M_{max}=\frac{Fl}{4}=\frac{35\times10}{4}\ \text{kN}\cdot\text{m}=87.5\ \text{kN}\cdot\text{m}$$

(2)校核梁的强度。

查型钢表得 No.32c 工字钢的抗弯截面系数 $W=760$ cm³,所以

$$\sigma_{max}=\frac{M_{max}}{W_z}=\frac{87.5\times10^6}{760\times10^3}\ \text{MPa}=115.1\ \text{MPa}\leqslant[\sigma]$$

说明梁的工作是安全的。

【例 5-13】如图 5-40(a)所示,一压板夹紧装置。已知压紧力 $F=3$ kN,$a=50$ mm,材料的许用正应力$[\sigma]=150$ MPa。试校核压板的强度。

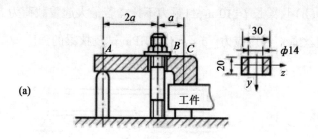

(a)

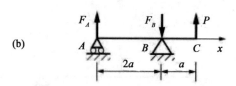

(b)

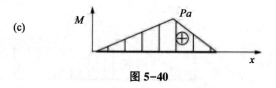

(c)

图 5-40

【解】压板可简化为一简支梁[图 5-40(b)],绘制弯矩图如图 5-40(c)所示。最大弯矩在截面 B 上

$$M_{max} = Fa = 3 \times 10^3 \times 0.05 \text{ N} \cdot \text{m} = 150 \text{ N} \cdot \text{m}$$

欲校核压板的强度,需计算 B 处截面对其中性轴的惯性矩

$$I_z = \frac{30 \times 20^3}{12} \text{mm}^4 - \frac{14 \times 20^3}{12} \text{mm}^4 = 10.67 \times 10^{-9} \text{ m}^4$$

抗弯截面系数为

$$W_z = \frac{M_{max}}{W_z} = \frac{10.67 \times 10^{-9}}{0.01} \text{m}^3 = 1.069 \times 10^{-6} \text{ m}^3$$

最大正应力则为

$$\sigma_{max} = \frac{M_{max}}{W_z} = \frac{150}{1.067 \times 10^{-6}} = 141 \times 10^6 \text{ Pa} = 141 \text{ MPa} \leqslant [\sigma]$$

故压板的强度够。

【例 5-14】图 5-41(a)所示为简支梁,材料的许用正应力为 $[\sigma] =$

140 MPa, 许用切应力 $[\tau] = 80$ MPa。试选择合适的工字钢型号。

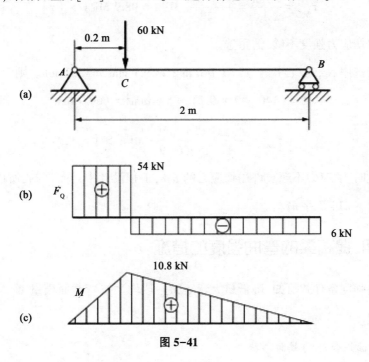

图 5-41

【解】(1)求梁的支反力。

由静力平衡方程求出梁的支反力 $F = 54$ kN, $F = 6$ kN, 并作剪力图和弯矩图如图 5-41(b)、(c)所示,得 $F_{max} = 54$ kN, $M_{max} = 10.8$ kN·m。

(2)选择工字钢型号。

由正应力强度条件得

$$W_z \geqslant \frac{M_{max}}{[\sigma]} = \frac{10.8 \times 10^3}{140 \times 10^6} \mathrm{m}^3 = 77.1 \times 10^3 \mathrm{mm}^3$$

查型钢表,选用 No.12.6 工字钢, $W_z = 77.529 \times 10^3$ mm^3, $h = 126$ mm, $t = 8.4$ mm, $d = 5$ mm。

(3)切应力强度校核。

No.12.6 工字钢腹板面积为

$$A = (h - 2t)d = (126 - 2 \times 8.4) \times 5 \ \mathrm{mm}^2 = 546 \ \mathrm{mm}^2$$

$$\tau_{max} = \frac{F_{Q\,max}}{A} = \frac{54 \times 10^3}{546} \text{ MPa} = 98.9 \text{ MPa} > [\tau]$$

故切应力强度不够,需重选。

若选用 No.14 工字钢,其 $h = 140$ mm,$t = 9.1$ mm,$d = 5.5$ mm。则

$$A = (140 - 2 \times 9.1) \times 5.5 \text{ mm}^2 = 669.9 \text{ mm}^2$$

$$\tau_{max} = \frac{F_{Q\,max}}{A} = \frac{54 \times 10^3}{669.9} \text{ MPa} > [\tau]$$

此时,切应力不超过许用切应力的 5%,工程设计中是允许的,所以最后确定选用 No.14 工字钢。

四、提高梁的弯曲强度的措施

由强度条件式可知,降低最大弯矩 M_{max} 或增大抗弯截面模量 W_z 均能提高抗弯强度。

1.选用合理的截面形状

(1)采用 I_z 和 W_z 大的截面。

在截面面积即材料重量相同时,应采用 I_z 和 W_z 较大的截面形状,即截面积分布应尽可能远离中性轴。因离中性轴较远处正应力较大,而靠近中性轴处正应力很小,这部分材料没有被充分利用。若将靠近中性轴的材料移到离中性轴较远处,如将矩形改成工字形截面[图 5-42(c)],则可提高惯性矩和抗弯截面模量,即提高抗弯能力。同理,实心圆截面改为面积相等的圆环形截面[图 5-42(a)],将矩形截面平放改为立放[图 5-42(b)]等,也都可提高抗弯强度。

工程中金属梁的成型截面除了工字形以外,还有槽形、箱形[图 5-43(a)、(b)]等,也可将钢板用焊接或铆接的方法拼接成上述形状的截面。建筑中则常采用混凝土空心预制板[图 5-43(c)]。

此外,合理的截面形状应使截面上最大拉应力和最大压应力同时达到相应的许用应力值。对于抗拉和抗压强度相等的塑性材料,宜采用对称于中性轴的截面(如工字形)。对于抗拉和抗压强度不等的材料,应采用不对称于中性轴

的截面,如铸铁等脆性材料制成的梁,其截面常做成 T 形或槽形,并使梁的中性轴应偏于受拉的一边(图 5-44),即使 $|\sigma_c|_{max} > |\sigma_t|_{max}$ 。

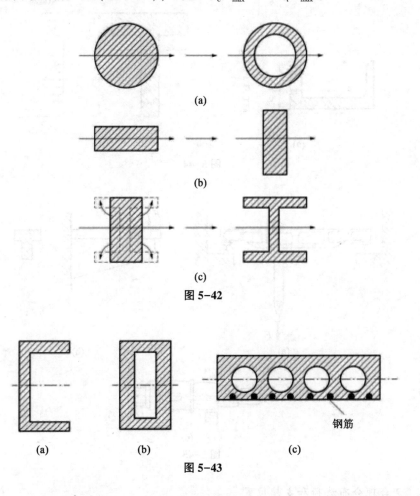

图 5-42

图 5-43

(2)采用变截面的梁。

除上述材料在梁的某一截面上如何合理分布的问题外,还有一个材料沿梁的轴线如何合理安排的问题等截面梁的截面尺寸是由最大弯矩决定的,故除 M_{max} 所在的截面外,其余部分的材料未被充分利用。为节省材料和减轻重量,可采用变截面梁,即在弯矩较大的部位采用较大的截面,在弯矩较小的部位采用较小的截面。例如桥式起重机的大梁,两端的截面尺寸较小,中段部分的截面尺寸较大[图 5-45(a)]、铸铁托架[图 5-45(b)]、阶梯轴[图 5-45(c)]等,都是按弯矩分布设计的近似于变截面梁的实例。

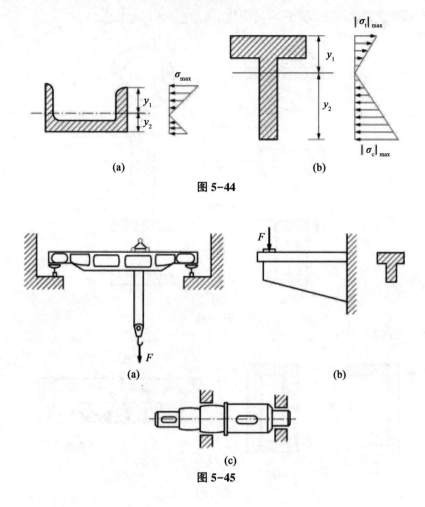

图 5-44

图 5-45

2.合理分布载荷和支座位置

(1)改善梁的受力方式。

改善梁的受力方式,可以降低梁上的最大弯矩值。如图 5-46(a)所示受集中力作用的简支梁,若使载荷尽量靠近一边的支座[图 5-46(b)],则梁的最大弯矩值比载荷作用在跨度中间时小得多。设计齿轮传动轴时,尽量将齿轮安排得靠近轴承(支座),这样设计的轴,尺寸可相应减小。

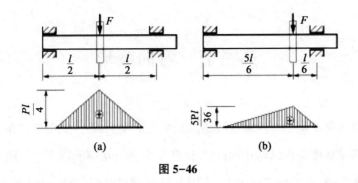

图 5-46

（2）合理布置支座位置。

合理布置支座位置也能有效降低最大弯矩值。如受均匀分布载荷作用的简支梁［图 5-47（a）］，其最大弯矩 $M_{\max} = \dfrac{1}{8}ql^2$ 若将两端支座向里移动 $0.2l$，则

$M_{\max} = \dfrac{1}{40}ql^2$［图 5-47（b）］只有前者的 $\dfrac{1}{5}$。梁的截面尺寸也可相应减小，化工卧式容器的支承点向中间移一段距离（图 5-48），就是利用此原理降低 $M_{\max}$，减轻自重，节省材料。

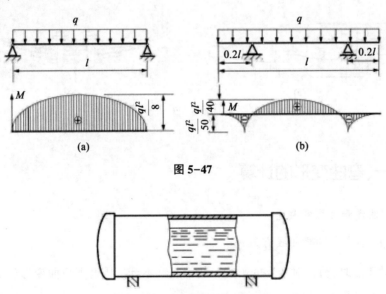

图 5-47

图 5-48

第三节 弯曲变形

前面研究了梁的弯曲强度问题。在实践工程中,某些受弯构件在工作中不仅需要满足强度条件以防止构件破坏,还要求其有足够的刚度。如图5-49(a)所示车床主轴,若弯曲变形过大,会引起轴颈剧烈磨损,使齿轮间齿合不良,而且影响加工件的精度。起重机的大梁起吊重物时,若其弯曲变形过大,就会使起重机在运行时产生较大的振动,破坏起吊工作的平稳性。再如输液管道若弯曲变形过大,将影响管内液体的正常输送,出现积液、沉淀和管道连接处不密封等现象。因此,必须限制构件的弯曲变形。但在某些情况下,也可利用构件的弯曲变形来为生产服务,例如汽车轮轴上的叠板弹簧[图5-49(b)],就是利用其弯曲变形来缓和车辆受到的冲击和振动,这时就要求弹簧有较大的弯曲变形了。因此,需研究弯曲变形的规律。

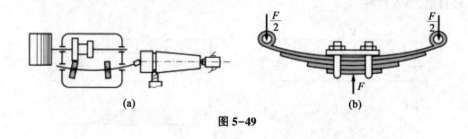

(a)   (b)

图 5-49

一、弯曲变形的计算

1.梁弯曲变形的概念

(1)梁变形的挠曲线方程。

梁弯曲时,剪力对变形的影响一般都忽略不计。因此梁弯曲变形后的横截面仍为平面,且与变形后的梁轴线保持垂直,并绕中性轴转动,如图5-50所示。梁在弹性范围内弯曲变形后,其轴线变为一条光滑连续曲线,称为挠曲线。

以梁的左端为原点取一直角坐标系 $xO\omega$（图 5-50），挠度 w 与以梁变形前的轴线建立的坐标的函数关系即为

$$\omega = \omega(x) \qquad\qquad (5-25)$$

式（5-25）称为梁变形的挠曲线方程。

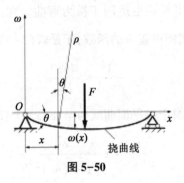

图 5-50

（2）梁的变形程度的度量。

由图 5-50 可以看出，梁的变形程度可以用两个基本量来度量：

①挠度。梁上距离坐标原点 O 为 x 的截面形心，沿垂直于 x 轴方向的位移 ω，称为该截面的挠度，其单位为 mm。挠度一般用 ω（或 y）表示。

②转角。梁的任一横截面在弯曲变形过程中，绕中性轴转过的角位移为 θ，称为该截面的转角，其单位为弧度（rad）。

尽管梁弯曲变形时其横截面形心沿轴线也存在位移，但在小变形的条件下，这一位移远小于垂直于梁轴线方向的位移，故不必考虑。挠度和转角的表示用代数量，其正负规定为：在图 5-50 所示的坐标系中，向上的挠度为正，向下的挠度为负；逆时针方向的转角为正，顺时针方向的转角为负。

由图 5-50 还可以看出，梁的横截面转角 θ 等于挠曲线在该截面处点的切线与轴 Ox 的夹角。在工程实际中，梁的转角 θ 一般均很小，于是

$$\theta \approx \tan\theta = \frac{\mathrm{d}\omega(x)}{\mathrm{d}x} = \omega' \qquad\qquad (5-26)$$

即横截面的转角近似等于挠曲线在该横截面处的斜率。可见，只要得到梁变形后的挠曲线方程，就可以通过微分得到转角方程，然后由方程计算梁的挠度和

转角。

2.积分法求梁的变形

(1)梁的挠曲线近似微分方程。

在讨论梁的弯曲正应力时,曾建立了用中性层曲率表示的梁纯弯曲变形的基本公式(5-5),并指出此式也适用于横力弯曲。在这种情况下,梁弯曲的曲率半径和弯矩都是横截面位置 x 的函数,于是式(5-5)即写成

$$\frac{1}{\rho(x)} = \frac{M(x)}{EI_z} \qquad (a)$$

由高等数学可知,对于一平面曲线 $\omega = \omega(x)$ 上任意一点的曲率又可写成

$$\frac{1}{\rho(x)} = \pm \frac{\omega''}{\left[1 + (\omega')^2\right]^{\frac{3}{2}}} \qquad (b)$$

在小变形的条件下,梁的转角 θ 一般都很小,因此式(b)中的 $(\omega')^2$ 远小于 1,可略去不计。因图5-50所选坐标系规定 θ 向上为正,弯矩 $M(x)$ 应与 $\dfrac{d^2\omega}{dx^2}$ 同号,故取式(b)右边为正号,将式(b)代入式(a),得

$$\omega'' = \frac{d^2\omega(x)}{dx^2} = \frac{M(x)}{EI_z} \qquad (5-27)$$

上式称为梁的挠曲线近似微分方程。根据此方程得出的解用于计算梁的挠度和转角在工程上已足够精确。对于等截面直梁,只要将弯矩方程代入挠曲线近似微分方程,先后积分两次,就可得到梁的转角方程和挠度方程为

$$\theta = \frac{dw(x)}{dx} = \int \frac{M(x)}{EI_z} dx + C \qquad (5-28)$$

$$\omega = \int \left(\int \frac{M(x)}{EI_z} dx \right) dx + Cx + D \qquad (5-29)$$

式中的积分常数 C 和 D 可利用梁上某些截面的已知位移来确定。

(2)积分常数的确定、约束条件与连续性条件。

式(5-28)和式(5-29)中的积分常数由梁的约束条件与连续性条件确定。

约束条件是指外部约束对于挠度和转角的限制:

①在固定铰支座和辊轴支座处,约束条件为挠度等于零($\omega = 0$);

②在固定端处,约束条件为挠度和转角都等于零($\omega = 0$, $\theta = 0$)。

连续性条件是指梁在弹性范围内加载,其轴线将弯曲成一条连续光滑的曲线,因此,在集中力、集中力偶以及分布载荷间断处,两侧的挠度、转角对应相等:$\omega_1 = \omega_2$, $\theta_1 = \theta_2$。

上述确定挠度和转角的方法称为积分法,它是确定梁位移最基本的方法。下面举例说明积分法的应用。

【例5-15】图5-51(a)为镗刀对工件镗孔的示意图。为了保证镗孔的精度,镗刀杆的弯曲变形不能过大。已知镗刀杆的直径 $d = 10$ mm,长度 $l = 500$ mm,弹性模量 $E = 210$ GPa,切削力 $F = 200$ N。试用积分法求镗刀杆上安装镗刀处截面 B 的挠度和转角。

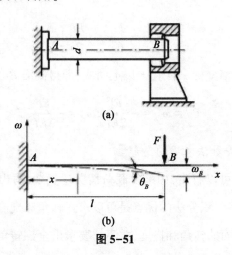

(a)

(b)

图 5-51

【解】将镗刀杆简化为悬臂梁[图5-51(b)],选坐标系 $xA\omega$,梁的弯矩方程为

$$M(x) = -F(l-x)$$

由式(5-27),得梁的挠曲线近似微分方程为

$$EI_z\omega'' = M(x) = -F(l-x)$$

积分得

$$EI_z\omega'' = \frac{F}{2}x^2 - Flx + C \tag{a}$$

$$EI_z\omega'' = \frac{F}{6}x^3 - \frac{Fl}{2}x^2 + Cx + D \tag{b}$$

在梁的固定端 A 处,转角和挠度均为零,亦即边界条件为:当 $x=0$ 时,$\omega_A = 0$,$\theta_A = 0$。

把此边界条件代入式(a)和式(b),得

$$C = EI_z\theta_A = 0, D = EI_z\omega_A = 0$$

将所得积分常数 C 和 D 代入式(a)和式(b),即得悬臂梁的转角方程和挠曲线方程分别为

$$EI_z\omega' = \frac{F}{2}x^2 - Flx$$

$$EI_z\omega = \frac{F}{6}x^3 - \frac{Fl}{2}x^2$$

以截面 B 处的横坐标 $x=l$ 代入以上两式,即得截面 B 的转角和挠度

$$\theta_B = \omega'_B = -\frac{Fl^2}{2EI_z}, \omega_B = -\frac{Fl^3}{3EI_z}$$

3.用查表法和叠加法求梁的变形

由以上的分析可以看出,如梁上载荷情况越复杂,写出的弯矩方程分段越多,积分常数也越多。积分法的优点是可以求得转角和挠度的普通方程。但只需确定某些特定截面的转角和挠度,并不需要求出全部转角和挠度的普遍方程时,积分法就显得过于累赘。为此,在一般设计手册中,已将常见梁的挠度方程、梁端面转角和最大挠度计算公式列成表格,以备查用。

由于梁的挠曲线近似微分方程是在其小变形且材料服从胡克定律的情况下推导出来的,因此梁的挠度和转角与载荷呈线性关系。当梁上同时作用有几个载荷时,可分别求出每一载荷单独作用下的变形,然后将各个载荷单独作用下的变形叠加,即得这些载荷共同作用下的变形,这就是求梁变形的叠加法。梁在简单载荷作用下的变形见表5-2。

表 5-2　梁在简单载荷作用下的变形

序号	梁的简图	挠曲线方程	挠度和转角
(1)		$\omega = -\dfrac{Fx^2}{6EI}(3l - x)$	$\omega_B = -\dfrac{Fl^3}{3EI}$ $\theta_B = -\dfrac{Fl^2}{2EI}$
(2)		$\omega = -\dfrac{Fx^2}{6EI}(3a - x)$ $(0 \leqslant x \leqslant a)$ $\omega = -\dfrac{Fa^2}{6EI}(3x - a)$ $(a \leqslant x \leqslant l)$	$\omega_B = -\dfrac{Fa^2}{6EI}(3l - a)$ $\theta_B = -\dfrac{Fa^2}{2EI}$
(3)		$\omega = -\dfrac{qx^2}{24EI}(x^2 - 4lx + 6l^2)$	$\omega_B = -\dfrac{ql^4}{8EI}$ $\theta_B = -\dfrac{ql^3}{6EI}$
(4)		$\omega = -\dfrac{M_e x^2}{2EI}$	$\omega_B = -\dfrac{M_e l^2}{2EI}$ $\theta_B = -\dfrac{M_e l}{EI}$
(5)		$\omega = -\dfrac{M_e x^2}{2EI}(0 \leqslant x \leqslant a)$ $\omega = -\dfrac{M_e a}{EI}\left(\dfrac{a}{2} - x\right)(a \leqslant x \leqslant l)$	$\omega_B = -\dfrac{M_e a}{EI}\left(t - \dfrac{a}{2}\right)$ $\theta_B = -\dfrac{M_e a}{EI}$
(6)		$\omega = -\dfrac{Fx}{48EI}(3l^2 - 4x^2)$ $\left(0 \leqslant x \leqslant \dfrac{l}{2}\right)$	$\omega_C = -\dfrac{Fl^3}{48EI}$ $\theta_A = -\theta_B = -\dfrac{Fl^3}{16EI}$

续表

序号	梁的简图	挠曲线方程	挠度和转角
(7)		$\omega = -\dfrac{Fbx}{6EIl}(l^2 - x^2 - b^2)$ $(0 \leqslant x \leqslant a)$ $\omega = -\dfrac{Fa(l-x)}{6EIl}(x^2 + a^2 - 2lx)$ $(a \leqslant x \leqslant l)$	$\delta = -\dfrac{Fb(l^2 - a^2)^{\frac{3}{2}}}{9\sqrt{3}\,EIl}$ （在 $x = \sqrt{\dfrac{l^2 - b^2}{3}}$ 处） $\theta_A = \dfrac{Fb(l^2 - b^2)}{6EIl}$ $\theta_B = -\dfrac{Fa(l^2 - a^2)}{6EI}$
(8)		$\omega = -\dfrac{qx^2}{24EI}(x^3 + l^3 - 2lx^2)$	$\delta = -\dfrac{5ql^4}{384EI}$ $\theta_A = -\theta_B = -\dfrac{ql^3}{24EI}$
(9)		$\omega = \dfrac{M_e x}{6EIl}(l^2 - x^2)$	$\delta = -\dfrac{M_e l^2}{9\sqrt{3}\,EI}$ （在 $x = \dfrac{1}{\sqrt{3}}$ 处） $\theta_A = \dfrac{M_e l}{6EI}$ $\theta_B = -\dfrac{M_e l}{3EI}$
(10)		$\omega = \dfrac{M_e x}{6EIl}(l^2 - 3b^2 - x^2)$ $(0 \leqslant x \leqslant a)$ $\omega = \dfrac{M_e(l-x)}{6EIl}(3a^2 - 2lx + x^2)$ $(a \leqslant x \leqslant l)$	$\delta_1 = -\dfrac{M_e(l^2 - 3b^2)^{\frac{1}{2}}}{9\sqrt{3}\,EIl}$ （在 $x = \dfrac{\sqrt{l^2 - 3b^2}}{\sqrt{3}}$ 处） $\delta_2 = -\dfrac{M_e(l^2 - 3a^2)^{\frac{3}{2}}}{9\sqrt{3}\,EIl}$ （在 $x = \dfrac{\sqrt{l^2 - 3a^2}}{\sqrt{3}}$ 处） $\theta_B = \dfrac{M_e(l^2 - 3b^2)}{6EIl}$ $\theta_C = -\dfrac{M_e(l^2 - 3a^2 - 3b^2)}{6EIl}$

续表

序号	梁的简图	挠曲线方程	挠度和转角
(11)	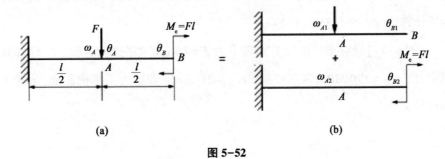	$\omega = \dfrac{Fax}{6EIl}(l^2 - x^2) \, (0 \le x \le l)$ $\omega = -\dfrac{Fa(x-l)}{6EIl}$ $\times [a(3x-l) - (x-l)^2]$ $(l \le x \le l+a)$	$\omega_C = -\dfrac{Fa^2}{3EI}(l+a)$ $\theta_A = -\dfrac{1}{2}\theta_B = \dfrac{Fal}{6EI}$ $\theta_C = \dfrac{Fal}{6EI}(2l+3a)$
(12)		$\omega = \dfrac{Mx}{6EIl}(l^2 - x^2)\,(0 \le x \le l)$ $\omega = -\dfrac{M}{6EIl}(3x^2 - 4lx + l^2)$ $(l \le x \le l+a)$	$\omega = -\dfrac{Ma}{6EIl}(2l+3a)$

用叠加法求梁的位移时应注意以下两点：一是正确理解梁的变形与位移之间的区别和联系，位移是由变形引起的，但没有变形不一定没有位移；二是正确理解应用变形连续条件，即在线弹性范围内，梁的挠曲线是一条连续光滑的曲线。下面举例说明叠加法的应用。

【例 5-16】试用叠加法求图 5-52(a)所示悬臂梁截面 A 的挠度和自由端 B 的转角，已知 EI 为常数。

图 5-52

【解】将图 5-52(a)所示悬臂梁分解为单独在 F 和 M_e 作用下的悬臂梁，如图 5-52(b)所示。分别查表 5-2，可得

$$\omega_{A1} = -\frac{Fl^3}{24EI}, \omega_{A2} = -\frac{M_e\left(\frac{1}{2}\right)^2}{2EI} = -\frac{Fl^3}{8EI}$$

$$\theta_{B1} = \theta_A = -\frac{Fl^3}{8EI}, \theta_{B2} = -\frac{M_e l}{EI} = -\frac{Fl^3}{EI}$$

由叠加原理有

$$\omega_A = \omega_{A1} + \omega_{A2} = -\frac{Fl^3}{6EI}, \theta_B = \theta_{B1} + \theta_{B2} = -\frac{9Fl^2}{8EI}$$

二、梁的刚度计算

工程设计中,根据机械或结构物的工作要求,常对挠度或转角加以限制,对梁进行刚度计算。梁的刚度条件

$$\omega_{\max} \leq [\omega] \qquad (5-30)$$

$$\theta_{\max} \leq [\theta] \qquad (5-31)$$

在各类工程设计中,对梁位移许用值的规定相差太大。通常在机械制造工程中,一般传动轴的许用挠度值 $[\omega]$ 为计算跨度 l 的 $3/10000 \sim 5/10000$,对刚度要求较高的传动轴, $[\omega]$ 为计算跨度 l 的 $1/10000 \sim 2/10000$;传动轴在轴承处的许用的转角 $[\theta]$ 通常在 $0.001 \sim 0.005$ rad。土建工程中,许用挠度值 $[\omega]$ 为梁计算跨度 l 的 $1/800 \sim 1/200$。

【例5-17】悬臂梁自由端受到集中力 $F = 10$ kN,如图 5-53 所示。已知许用应力 $[\sigma] = 170$ MPa,许用挠度 $[\omega] = 10$ mm。若梁由工字钢制成,选择工字钢号。

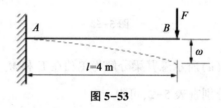

图 5-53

【解】(1)按照强度条件选择截面。

$$M_{max} = Fl = 40 \text{ kN} \cdot \text{m}$$

$$W = \frac{M_{max}}{[\sigma]} = \frac{40 \times 10^3}{170 \times 10^6} \text{ m}^3 = 0.235 \times 10^{-3} \text{ m}^3 = 235 \text{ cm}^3$$

查表选用 No.20a 工字钢,其 $W = 237 \text{ cm}^3$, $I = 2370 \text{ cm}^4$。

(2)按照刚度条件选择截面。

由刚度条件

$$\omega_{max} = \frac{Fl^3}{3EI} \leqslant [\omega]$$

$$I = 1.016 \times 10^8 \text{ mm}^4 = 10.160 \text{ cm}^4$$

查表选用 No.32a, $I = 11075.5 \text{ cm}^4$, $W = 692.2 \text{ cm}^3$。综合强度条件和刚度条件,应选用 No.32a 工字钢,最大挠度和最大应力为

$$\omega_{max} = \frac{10 \times 10^3 \times 4000^3}{3 \times 2.1 \times 10^5 \times 1.108 \times 10^8} \text{ mm} = 9.17 \text{ mm} < [\omega] = 10 \text{ mm}$$

$$\sigma_{max} = \frac{40 \times 10^6}{692.2 \times 10^3} \text{ MPa} = 57.8 \text{ MPa} < [\sigma] = 170 \text{ MPa}$$

三、简单超静定梁的解法

1.超静定梁的概念

在前面所讨论的梁,在其约束力都可以通过静力平衡方程求得,这种梁称为静定梁。在工程实际中,有时为了提高梁的强度和刚度,除维持平衡所需的约束外,会再增加一个或几个约束。这时,未知约束力的数目将多于平衡方程的数目,仅用静力平衡方程不能求解。这种梁称为超静定梁或静不定梁。

例如安装在车床卡盘上的工件(图 5-54)。如果比较细长,切削时会产生过大的挠度,影响加工精度。为减小工件的挠度,常在工件的自由端用尾架上的顶尖顶紧,在不考虑水平方向的支座约束力时,这相当于增加了一个可动铰支座(图 5-55)。这时工件的约束力有四个:F_{ax}、F_{ay}、F_A 和 F_B,而有效的平衡方程只有三个。未知约束力数目比平衡方程数目多出一个,这是一次超静定梁。

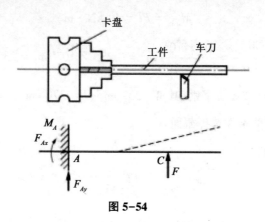

图 5-54

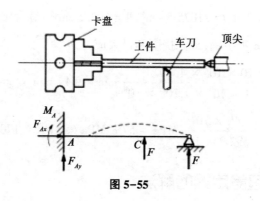

图 5-55

2.用变形比较法解超静定梁

解超静定梁的方法与解拉压超静定问题类似,也需根据梁的变形协调条件和力与变形间的物理关系,建立补充方程,然后与静力平衡方程联立求解。如何建立补充方程,是解超静定梁的关键。

在超静定梁中,那些超过维持梁平衡所必需的约束,习惯上称为多余约束;与其相应的支座约束力称为多余约束力或多余支座约束力。可以设想,如果撤除超静定梁上的多余约束,则此超静定梁又将变成一个静定梁,这个静定梁称为原超静定梁的基本静定梁。例如图 5-56(a)所示的超静定梁,如果以 B 端的可动铰支座为多余约束,将其撤除后而形成的悬臂梁[图 5-56(b)]即为原超静定梁的基本静定梁。

为使基本静定梁的受力及变形情况与原超静定梁完全一致,作用于基本静定梁上的外力除原来的载荷外,还应加上多余的支座约束力,同时,还要求基本静定梁满足一定的变形协调条件。例如,上述的基本静定梁的受力情况如图5-56(c)所示,由于原超静定梁在 B 端有可动铰支座的约束,因此,还要求基本静定梁在 B 端的挠度为零,即

$$\omega_B = 0$$

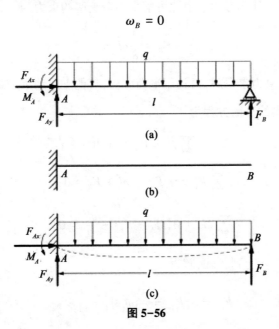

图 5-56

此即满足的变形协调条件(简称变形条件)。这样,就将一个承受均布载荷的超静定梁变换为一个静定梁来处理,这个静定梁在原载荷和未知的多余支座约束力作用下,端的挠度为零。

根据变形协调条件及力与变形间的物理关系,即可建立补充方程。由图5-56(c)可见,B 端的挠度为零,可将其视为均布载荷引起的挠度 ω_{Bq} 与未知支座约束力 F_B 引起的挠度 ω_{BF_B} 的叠加结果,即

$$\omega_B = \omega_{Bq} + \omega_{BF_B} = 0$$

由表5-2查得

$$\omega_{Bq} = -\frac{ql^4}{8EI}$$

$$\omega_{BF_B} = \frac{FBl^3}{3EI}$$

$$-\frac{ql^4}{8EI} + \frac{F_B l^3}{3EI} = 0$$

这就是所需的补充方程。由此可解出多余支座约束力为

$$F_B = \frac{3}{8}ql$$

多余支座约束力求得后,再利用平衡方程,其他支座约束力即可迎刃而解。由图 5-56(c),梁的平衡方程为

$$\sum F_x = 0, F_{Ax} = 0$$

$$\sum F_y = 0, F_{Ax} - ql + F_B = 0$$

$$\sum M_A = 0, M_A + F_B l - \frac{ql^2}{2} = 0$$

将 F_B 之值代入上列各式,解得

$$F_{Ax} = 0, F_{Ay} = \frac{5}{8}ql, M_A = \frac{1}{8}ql^2$$

这样就解出了超静定梁的全部支座约束力。所得结果均为正值,说明各支座约束力的方向和约束力偶的转向与所设一致。支座约束力求得后,即可进行强度和刚度计算。

由以上的分析可见,解超静定梁的方法是选取适当的基本静定梁;利用相应的变形协调条件和物理关系建立补充方程;与平衡方程联立解出所有的支座约束力。这种解超静定梁的方法,称为变形比较法。求解超静定问题的方法还有很多种,以力为未知量的方法称为力法,变形比较法属于力法的一种。

解超静定梁时,选择哪个约束力为多余约束力并不是固定的,可根据解题时的方便而定。选取多余约束不同时,相应的基本静定梁的形式和变形条件也随之而异。例如上述的超静定梁[图 5-57(a)]也可选择阻止 A 端传动的约束力多余约束,相应的多余支座约束力则为力偶矩。解除这一多余约束后,固定

端 A 将变为固定铰支座;相应的基本静定梁则为一简支梁,其上的载荷如图5-57(b)所示。这时要求此梁满足的变形条件则是 A 端转角为零,即

$$\theta_A = \theta_{Aq} + \theta_{AM} = 0$$

由表5-2查得,因 q 和 M_A 而引起的截面 A 转角分别为

$$\theta_{Aq} = -\frac{ql^3}{24EI}$$

$$\theta_{AM} = \frac{M_A l}{3EI}$$

$$-\frac{ql^3}{24EI} + \frac{M_A l}{3EI} = 0$$

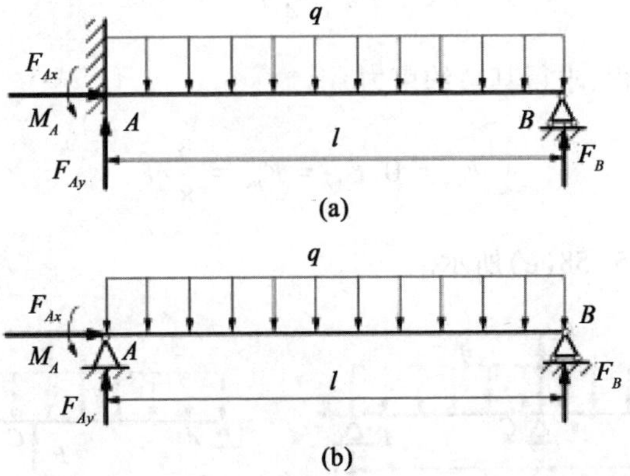

图 5-57

这就是所需的补充方程。由此可解出多余的支座约束力为

$$M_A = \frac{1}{8}ql^2$$

多余的支座约束力求得后,再利用平衡方程,其他支座约束力即可迎刃而解。

【例5-18】某管道可简化为有三个支座的连接梁[图5-58(a)],受均布载荷 q 作用。已知跨度为 l,求支座约束力,并绘弯矩图。

【解】该梁可看作在简支梁 AB 上增加一个活动铰支座 C,这样就有一个多余约束力 F_C,因此是一次超静定问题。解除支座 C 并用约束力 F_C 代之,得到

基本静定系如图 5-58(b)所示。变形协调条件为：在载荷 q 和多余约束力 F_C 的共同作用下，基本静定系上 C 截面处的挠度为零。根据叠加原理，截面挠度 为单独作用下 [图 5-58(c)]的挠度 ω_{Cq} 与多余约束力 F_C 单独作用下 [图 5-58(d)]挠度 ω_{CC} 之和，故变形协调条件为

$$\omega_C = \omega_{Cq} + \omega_{CC} = 0$$

由表 5-2 查得

$$\omega = -\frac{5q(2l)^4}{384EI}, \omega_{CC} = \frac{F_C(2l)^3}{48EI}$$

代入上式解得

$$F_C = \frac{5}{4}ql$$

再由平衡方程，求得其余约束力

$$F_{Ax} = 0, F_{Ay} = F_{By} = \frac{3}{8}ql$$

弯矩图如图 5-58(e)所示。

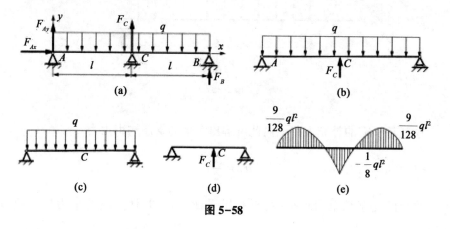

图 5-58

四、提高梁刚度的措施

从表 5-2 可见，梁的形变量与跨度 l 的高次方成正比，与截面惯性矩 I_z 成 反比。由此可见，为提高梁的刚度主要应从改善结构和增大 I_z 和 W_z 方面采取

措施,以使梁的设计经济合理。

1.改善结构形式以减小弯矩

引起弯曲变形的主要因素是弯矩,减小弯矩也就减小了弯曲变形,往往可以用改变结构形式的方式来实现。例如对图 5-59 中的轴,应尽可能地使带轮和齿轮靠近支座,以减小传动力 F_1 和 F_2 引起的弯矩。缩小跨度也是减小弯曲变形的有效办法。如例 5-17,悬臂梁自由端受集中力作用下,挠度 ω_{max}(= $\frac{Fl^3}{3EI}$)与跨度 l 的三次方成正比。若跨度缩短,则挠度的减小亦即刚度的提高必然是非常明显的。

在跨度不能缩短的情况下,可采取增加支座的方法来提高梁的刚度。如图 5-60 所示镗床加工图中零件的内孔时,镗刀杆外伸部分过长时,可在端部加装尾架,由原来的静定梁变为超静定梁,减小了刀杆的弯曲变形。

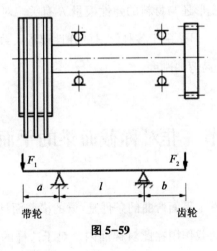

图 5-59

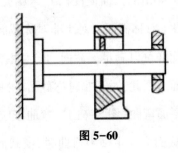

图 5-60

把集中力分散成分布力,也可收到减小弯曲变形的效果。例如在简支梁跨度中点作用集中力 F 时,最大挠度为 $\omega_{\max} = \dfrac{Fl^3}{48EI}$(表5-2)。如将集中力 F 分散成均布荷载 q,且使 $ql = F$,则最大挠度是:$\omega_{\max} = \dfrac{5ql^4}{384EI} = \dfrac{5Fl^3}{384EI}$,仅为前者的62.5%。

2.选择合理的截面形状

不同形状的截面,即使面积相等,惯性矩却不一定相等。所以若选取的截面形状合理,便可增大截面惯性矩的数值,也就是减小弯曲变形的途径。例如,工字形、槽形、T 形截面都比面积相等的矩形截面有更大的惯性矩。因此,起重机大梁一般采用工字形或箱形截面,而机器的箱体也采用加筋的方法以提高箱壁的刚度。

最后指出,弯曲变形还与材料的弹性模量 E 有关。对 E 值不同的材料,对 E 越大弯曲变形越小。但是由于各种钢材的弹性模量大致相等,所以使用高强度钢材并不能明显提高弯曲刚度。

第四节　非对称截面梁的平面弯曲

在前面提到,梁发生平面弯曲的条件是:梁的横截面具有对称轴,全梁具有纵向对称面,所有外荷载作用在此对称面内。对于这样的梁,由横截面上正应力的静力合成条件 $M_y = 0$,导出的截面惯性积 $I_{yz} = 0$,是自然满足的。其实,满足条件 $I_{yz} = 0$ 的,并不仅限于对称截面。对于非对称截面,只要 y、z 轴为截面的形心主轴,$I_{yz} = 0$ 的条件同样可以满足。截面的形心主轴与梁的轴线所组成的平面,称为形心主惯性平面。因此,对于非对称截面梁,只要荷载作用在形心主惯性平面内,梁仍然发生平面弯曲(图5-61)。弯曲正应力公式仍然可以应用。

应该指出,当非对称截面梁发生横力弯曲时,横截面上切向内力系的合力并不一定通过形心。现以槽钢为例加以说明。

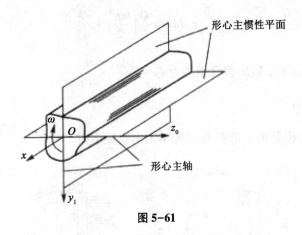

图 5-61

如图 5-62(a)所示的槽形截面属于薄壁截面,因此,同样可以应用切应力公式来确定弯曲剪应力。在上翼缘上,距右端 ξ 的部分截面面积对 z 轴的静矩

$S_z^* = \dfrac{th\xi}{2}$,则 ξ 处的剪应力为 τ_1 为

$$\tau_1 = \frac{QS_z^*}{I_z t} = \frac{Qh\xi}{2I_z}$$

同理,可以求出下翼缘的剪应力。

在腹板上,与中性轴相距 y 的外侧部分面积[图 5-62(a)]对 z 轴的静矩为

$$S_z^* = \frac{bth}{2} + \frac{d}{2}\left(\frac{h^2}{4} - y^2\right)$$

则 y 处的剪应力 τ_2 为

$$\tau_2 = \frac{QS_z^*}{I_z d} = \frac{Q}{I_z d}\left[\frac{bth}{2} + \frac{d}{2}\left(\frac{h^2}{4} - y^2\right)\right]$$

腹板与上、下翼缘的剪应力方向及其分布规律,如图 5-62(b)所示。若上翼缘上切向内力系的合力为 Q_1,则

$$Q_1 = \int_0^b t\tau_1 d\xi = \frac{Qb^2ht}{4I_z}$$

下翼缘上的合力为 Q'_1,它与 Q_1 的大小相等,方向相反,腹板上切向内力系

的合力 Q_2 为

$$Q_2 = \int_{-\frac{h}{2}}^{\frac{h}{2}} \tau_2 d\mathrm{y} = \frac{Q}{I_z}\left(\frac{bth^2}{2} + \frac{dh^3}{12}\right)$$

而槽形截面对 z 轴的惯性矩约为 $I_z \approx \dfrac{bth^2}{2} + \dfrac{dh^3}{12}$

得到 $Q_2 = Q$。

由此可见,横截面上的剪力 Q 基本上由腹板承担。

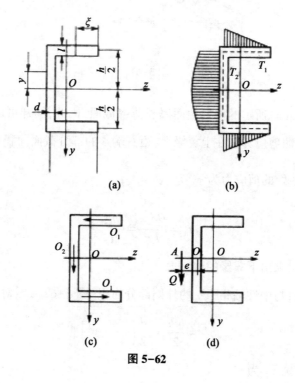

图 5-62

上、下翼缘与腹板上的合力 Q_1、Q_1' 和 Q_2,如图 5-62(c) 所示。由大小相等、方向相反的 Q_1 和 Q_1' 组成一力偶矩,与 Q_2 合成后,最终得到一合力 Q,其数值等于 Q_2,方向平行于 Q_2,作用线到腹板中线的距离为 e,如图 5-62(d) 所示。由力矩定理得

$$Q_1 h = Qe$$

$$e = \frac{Q_1 h}{Q} = \frac{b^2 h^2 t}{4I_z} \qquad (5-32)$$

由上式可见,截面上切向内力系的合力 Q(即截面上的剪力)不通过截面形心,而作用在距腹板中线为 e 的纵向平面内。

在图 5-62(d)中,剪力 Q 的作用线与截面对称轴 z 的交点 A,称为弯曲中心(或称剪切中心)。槽钢弯曲中心的位置,由公式(5-32)确定。公式表明,弯曲中心的位置与材料性质和荷载大小无关,是反映截面几何性质的一个参数。

当外力通过弯曲中心,且平行于形心主惯性平面时,外力与横截面上的剪力在同一纵向平面内,杆件发生平面弯曲,如图 5-63(a)所示。反之,如果外力不通过弯曲中心,则将外力向弯曲中心简化,得到一个过弯曲中心的外力和一个扭矩,使杆件产生弯曲变形的同时,还伴随着扭转变形,如图 5-63(b)所示。

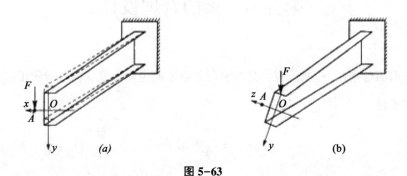

图 5-63

开口薄壁杆件的抗扭刚度很小,如果外力不通过弯曲中心,将会引起较大的扭转变形和剪应力。为了避免这种情况,必须使外力的作用线通过弯曲中心。几种常见的非对称开口薄壁截面的弯曲中心 A 的位置,示于图 5-64 中。

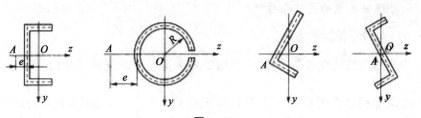

图 5-64

对于不对称的实体截面和闭口薄壁截面,弯曲中心同样不一定与截面形心重合。当外力通过截面形心,而不通过弯曲中心时,也会引起扭转变形。只是因为实体杆件和闭口薄壁杆件的抗扭刚度较大,可以忽略扭转的影响。为了便于比较,现将各类截面的梁发生平面弯曲的条件,归纳于表 5-3 中。

表 5-3 平面弯曲的条件

截面形式	荷载条件	附注
对称截面	荷载作用在纵向对称面内	
非对称实心截面或闭口薄壁截面	荷载作用在形心主惯性平面内	忽略扭转变形的影响
非对称开口薄壁截面	荷载通过弯曲中心,且平行于形心主惯性平面	消除了扭转变形

第五节 梁的合理设计

前面曾指出,弯曲正应力是控制弯曲强度的主要因素,所以,弯曲正应力的强度条件

$$\sigma_{\max} = \frac{M_{\max}}{W_z} \leq [\sigma]$$

是设计梁的主要依据。从这个条件可以看出,提高梁承载能力应从两个方面来考虑:一是合理安排梁的受力情况,以减小 $M_{\max}$ 的数值;二是采用合理的截面形状,以提高梁抗弯截面模量 W_z 的数值,充分利用材料的性能。下面我们分几点进行讨论。

1.合理安排梁的支撑和荷载

(1)合理安排梁的支撑。

合理地安排支座位置,可减小梁内的最大弯矩值。例如,如图 5-65(a)所示的受均布荷载作用的简支梁,其最大弯矩 $M_{\max} = \frac{1}{8}ql^2 = 0.125ql^2$ 若将两支座

分别向跨中移动 0.21[图 5-65(b)],则最大弯矩 $M_{\max} = \frac{1}{40}ql^2 = 0.025ql^2$,仅为

前者的1/5。由此可见,在可能的条件下,适当地调整梁的支座位置,可以降低

最大弯矩值,提高梁的承载能力。例如,门式起重机的大梁图 5-66(a)、锅炉筒体图 5-66(b)等,就是采用上述措施,以达到提高强度、节省材料的目的。

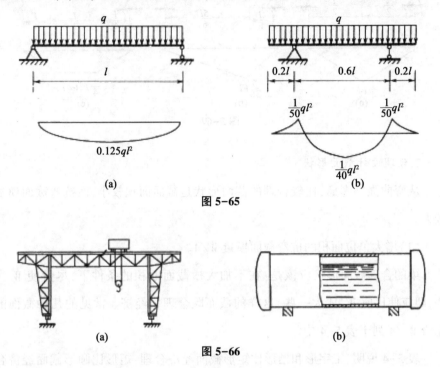

图 5-65

图 5-66

(2)合理布置荷载。

合理地布置荷载也可降低梁的最大弯矩值。例如,如图 5-66(a)所示的简支梁,在集中力 F 作用下梁的最大弯矩为 $M_{max} = \frac{1}{4}Fl$。当集中荷载作用位置不受限制时,应尽量靠近支座。

如集中力 F 作用在距支座 $l/6$ 处[图 5-67(b)],则梁上的最大弯矩为 $M_{max} = \frac{5}{36}Fl$,是原来最大弯矩的 0.56 倍。当荷载的位置不能改变时,可以把集中力分散成较小的力或者改变成分布荷载,从而减小最大弯矩。例如把作用于跨中的集中力通过辅梁分散为两个集中力[图 5-67(c)],使得最大弯矩 $M_{max} = \frac{1}{4}Fl$ 降为 $\frac{1}{8}Fl$。

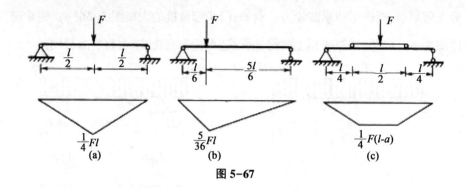

图 5-67

2.合理设计截面形状

从弯曲强度考虑,比较合理的截面形状是截面面积较小,而抗弯截面模量较大。

(1)增大单位面积的抗弯截面模量 W/A。

梁的合理截面形状应该是:在不加大横截面面积的条件下,尽量使 W 大些,即应使比值 W_z/A 大一些,这样的截面既合理又经济。常见的几种截面的比值 W_z/A 列于表5-4中。

表5-4说明,工字形和槽形比矩形截面经济合理,矩形比圆形截面经济合理。这可从弯曲正应力的分布规律得到解释。由于正应力按线性分布,中性轴附近正应力很小,而在距中性轴较远处正应力较大。因此,使横截面面积分布在距中性轴较远处可充分发挥材料的作用。工程中,大量采用的工字形和箱形截面梁就是运用了这一原理。而实心圆截面梁上、下边缘处材料较少,中性轴附近材料较多,因而不能做到材尽其用,所以,对于需做成圆形截面的轴类构件,可采用空心圆截面。

表5-4 W_z/A 值

截面形状	矩形	圆形	环形	槽钢	工字钢
W_z/A	$0.167h$	$0.125h$	$0.205h$	$(0.27\sim0.31)h$	$(0.37\sim0.31)h$

值得注意的是在提高 W_z 的过程中不可将矩形截面的宽度取得太小;也不可将空心圆、工字形、箱形及槽形截面的壁厚取得太小,否则可能出现失稳的问题。

(2)根据材料的性质选择截面的形状。

塑性材料(如钢材)因其抗拉和抗压能力相同,因此截面应以中性轴为对称轴,这样可使最大拉应力和最大压应力相等,并同时达到许用应力,使材料得到充分利用。对于抗拉和抗压能力不相等的脆性材料,如铸铁等,设计截面时,应尽量选择中性轴不是对称轴的截面,如 T 形截面,且应使中性轴靠近受拉一侧(图 5-68),尽可能使截面上最大拉应力和最大压应力同时达到或接近材料抗拉和抗压的许用应力。通过调整截面尺寸,如能使 y_1 和 y_2 之比接近下列关系:

$$\frac{\sigma_{t,\max}}{\sigma_{c,\max}} = \frac{\dfrac{M_{\max}y_1}{I_z}}{\dfrac{M_{\max}y_2}{I_z}} = \frac{y_1}{y_2} = \frac{[\sigma_t]}{[\sigma_c]}$$

则最大拉应力和最大压应力便可同时接近许用应力。

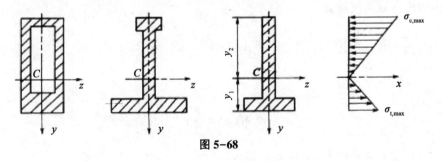

图 5-68

3.采用等强度梁

前面在进行梁的强度计算时,一般是根据危险截面上的 $M_{\max}$ 来设计 W_z,然后取其他各横截面的尺寸和形状都和危险截面相等,这就是通常的等截面梁。等截面梁各个截面的最大应力并不相等,这是因为各截面的弯矩 $M(x)$ 不相等。除危险截面外的其他截面上作用的弯矩 $M(x)$ 都小于 $M_{\max}$,故其最大应力也就小于危险截面上的 σ_{max}。因而在荷载作用下，只有 M_{max} 作用面上的 σ_{max} 才可能达到或接近材料的许用应力 $[\sigma]$，而梁的其他截面的材料便没有充分发挥作用。为了节约材料，减轻梁的自重，可以把其他截面的 $W_z(x)$ 作得小一些，使各横截面上的最大应力同时达到许用应力，这样的梁称为等强度梁。

等强度梁的截面是沿轴线变化的，所以是变截面梁。变截面梁横截面上的正应力仍可近似地用等截面梁的公式来计算。根据等强度梁的要求，应有

$$\sigma_{max} = \frac{M(x)}{W_z(x)} = [\sigma]$$

即

$$W_z(x) = \frac{M(x)}{[\sigma]} \tag{5-33}$$

由式(5-33)可见，确定了弯矩随截面位置的变化规律，即可求得等强度梁横截面的变化规律，下面举例说明。

设图5-69(a)所示受集中力 F 作用的简支梁为矩形截面的等强度梁，若截面高度 h=常量，则宽度 b 为截面位置 x 的函数，$b=b(x)(0 \leqslant x \leqslant \frac{l}{2})$，矩形截面的抗弯截面模量为

$$W_z(x) = \frac{b(x)h^2}{6}$$

弯矩方程式为

$$M(x) = \frac{F}{2}x$$

将以上两式代入式(5-30)，得

$$b(x) = \frac{3F}{h^2[\sigma]}x$$

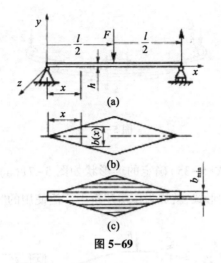

图 5-69

可见,截面宽度 $b(x)$ 为 x 的线性函数。由于约束与荷载均对称于跨度中点,因而截面形状也关于跨度中点对称[图5-69(b)]。在左、右两个端点处截面宽度 $b(x)=0$,这显然不能满足抗剪强度要求。为了能够承受切应力,梁两端的截面应不小于某一最小宽度 b_{min},见图5-69(e)。由弯曲切应力强度条件

$$\tau_{max} = \frac{3}{2}\frac{F_{max}}{A} = \frac{3}{2}\cdot\frac{\dfrac{F}{2}}{b_{min}h} = [\tau]$$

得

$$b_{min} = \frac{3F}{4h[\tau]}$$

若设想把这一等强度梁分成若干狭条,然后叠置起来,并使其略微拱起,这就是汽车以及其他车辆上经常使用的叠板弹簧,如图5-70所示。

若上述矩形截面等强度梁的截面宽度 b 为常数,而高度 h 为 x 的函数,即 $h=h(x)$,用完全相同的方法可以求得

$$h(x) = \sqrt{\frac{3Fx}{b[\sigma]}} \qquad\qquad (5-34)$$

$$h_{min} = \frac{3F}{4b[\tau]} \qquad\qquad (5-35)$$

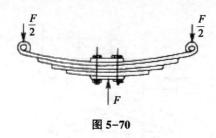

图 5-70

按式(5-34)和式(5-35)确定的梁形状如图 5-71(a)所示。如把梁做成如图 5-71(b)所示的形式,就成为厂房建筑中广泛使用的"鱼腹梁"。

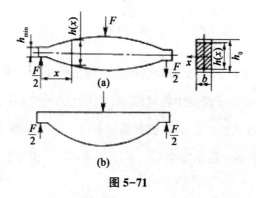

图 5-71

使用式(5-30),也可求得圆截面等强度梁的截面直径沿轴线的变化规律。但考虑到加工的方便及结构上的要求,常用阶梯形状的变截面梁(阶梯轴)来代替理论上的等强度梁,如图 5-72 所示。

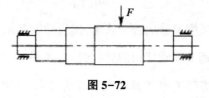

图 5-72

第六章　应力状态和强度理论

第一节　平面应力状态的应力分析

一、解析法

1.斜截面上的应力分析

平面应力状态的一般形式如图 6-1 所示。σ_x 和 τ_{xy} 是法线平行于 x 轴的面（称 x 面）上的应力，σ_x 和 τ_{xy} 是法线平行于 y 轴的面（称面）上的应力。切应力 τ_{xy}（或 τ_{yx}）有两个角标，第一个角标 x（或 y）表示切应力作用平面的法线方向；第二个角标 y（或 x）则表示切应力的方向平行于 y 轴（或 x 轴）。关于应力的符号规定为：正应力以拉应力为正而压应力为负；切应力对单元体内任意点的矩为顺时针转向时规定为正，反之为负。若 σ_x、τ_{xy}、σ_y、τ_{yx} 均为已知，现在研究任一斜截面 ae 上的应力。

如图 6-2(a)所示为单元体的正投影。斜截面的方位以其外法线 n 轴与 x 轴的夹角 α 表示，该截面上的应力用 σ_a、τ_a 表示。关于斜截面方位角 α 的符号规定为：α 由 x 轴转到 n 轴为逆时针方向时为正。

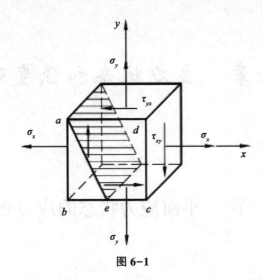

图 6-1

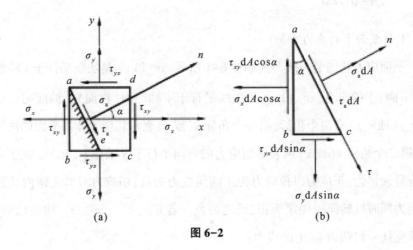

(a)　　　　　　　　　　(b)

图 6-2

用斜截面 ae 将单元假想地截开,保留左下部分为研究对象。设截面面积为 dA,则 ab 与 be 面积分别为 $dA\cos\alpha$ 与 $dA\sin\alpha$。abe 部分受力如图 6-2(b)所示。由平衡条件列出平衡方程

$$\sum F_t = 0 \qquad \tau_a dA - \sigma_x(dA\cos\alpha)\sin\alpha - \tau_{xy}(dA\cos\alpha)\cos\alpha +$$

$$\tau_{yx}(dA\sin\alpha)\sin\alpha + \sigma_y(dA\sin\alpha)\cos\alpha = 0$$

$$\sum F_n = 0 \qquad \sigma_a dA - \sigma_x(dA\cos\alpha)\cos\alpha + \tau_{xy}(dA\cos\alpha)\sin\alpha +$$

$$\tau_{yx}(\mathrm{d}A\sin\alpha)\cos\alpha - \sigma_y(\mathrm{d}A\sin\alpha)\sin\alpha = 0$$

由此可得

$$\sigma_a = \sigma_x\cos^2\alpha + \sigma_y\sin^2\alpha - (\tau_{xy} + \tau_{yx})\sin\alpha\cos\alpha \qquad (\text{a})$$

$$\tau_a = (\sigma_x - \sigma_y)\sin\alpha\cos\alpha + \tau_{xy}\cos^2\alpha - \tau_{yx}\sin^2\alpha \qquad (\text{b})$$

根据切应力互等定理可得，$\tau_{xy} = \tau_{yx}$ 数值相等，又由三角函数可知

$$\cos^2\alpha = \frac{1+\cos2\alpha}{2}, \sin^2\alpha = \frac{1-\sin2\alpha}{2}, 2\sin\alpha\cos\alpha = \sin2\alpha$$

将上述关系式代入式（a）、式（b），于是得

$$\sigma_a = \frac{\sigma_x + \sigma_y}{2} + \frac{\sigma_x - \sigma_y}{2}\cos2\alpha - \tau_{xy}\sin2\alpha \qquad (6-1)$$

$$\tau_a = \frac{\sigma_x - \sigma_y}{2}\sin2\alpha + \tau_{xy}\cos2\alpha \qquad (6-2)$$

式（6-1）、式（6-2）即为平面应力状态下斜截面上应力的一般公式。应用公式时要注意应力及斜截面方位角的正负。

2.主应力及主平面位置

由式（6-1）和式（6-2）表明，斜截面上的应力 σ_a 和 τ_a 随 α 角的改变而变化，它们都是 α 的函数。在分析构件强度时，最为关心的是在哪一个截面上的应力最大，以及最大应力值。由于 σ_a 和 τ_a 是 α 的连续函数，为此可利用高等数学中求极值的方法确定最大应力值及所在截面位置。

由式（6-1），令 $\dfrac{\mathrm{d}\sigma_a}{\mathrm{d}\alpha} = 0$，得

$$\frac{\mathrm{d}\sigma_a}{\mathrm{d}\alpha} = \frac{\sigma_x - \sigma_y}{2}(-2\sin2\alpha) - \tau_{xy}(2\cos2\alpha) = -2\left(\frac{\sigma_x - \sigma_y}{2}\sin2\alpha + \tau_{xy}\cos2\alpha\right) = 0$$

$$\frac{\sigma_x - \sigma_y}{2}\sin2\alpha + \tau_{xy}\cos2\alpha = 0 \qquad (\text{c})$$

$$\frac{\sin2\alpha}{\cos2\alpha} = \frac{-2\tau_{xy}}{\sigma_x - \sigma_y}$$

令使 σ_a 达到极值的平面的方位角为 α_0，则

$$\tan 2\alpha_0 = \frac{-2\tau_{xy}}{\sigma_x - \sigma_y} \qquad (6-3)$$

式(6-3)即为求正应力极值平面方位角的公式。

由式(6-3)可以求出相差90°的两个角度,它们确定相互垂直的两个平面,一个是最大正应力所在的平面;另一个是最小正应力所在的平面。比较式(6-2)与式(c)两式知,满足式(c)的 α 角恰好使 $\tau = 0$,即正应力极值所处平面上的切应力等于零。因为切应力等于零的平面是主平面,主平面上的正应力是主应力,所以,正应力极值所在平面即主平面,正应力的极值即主应力。

根据三角公式可以从式(6-3)中求出 $\cos 2\alpha_0$ 和 $\sin 2\alpha_0$,并将它们代入式(6-1),便可求得正应力的两个极值

$$\left.\begin{array}{c}\sigma_{max}\\[2mm]\sigma_{min}\end{array}\right\} = \frac{\sigma_x + \sigma_y}{2} \pm \sqrt{\left(\frac{\sigma_x - \sigma_y}{2}\right)^2 + \tau_{xy}^2} \qquad (6-4)$$

由式(6-4)可得 $\sigma_{max} + \sigma_{min} = \sigma_x + \sigma_y =$ 常数。

3.切应力极值及其作用平面的方位

用完全相似的方法,可以讨论切应力极值和它们所在平面的方位,将式(6-2)对 α 求导,令 $\dfrac{\mathrm{d}\tau_a}{\mathrm{d}\alpha} = 0$,得

$$\frac{\mathrm{d}\tau_a}{\mathrm{d}\alpha} = \frac{(\sigma_x - \sigma_y)}{2}(2\cos 2\alpha) - \tau_{xy}(2\sin 2\alpha) = 0$$

$$\frac{\sin 2\alpha}{\cos 2\alpha} = \frac{\sigma_x - \sigma_y}{2\tau_{xy}}$$

令使 τ 达极值的平面方位角为 α_1,则

$$\tan 2\alpha_1 = \frac{\sigma_x - \sigma_y}{2\tau_{xy}} \qquad (6-5)$$

同理,可得切应力的两个极值为

$$\left.\begin{array}{c}\tau_{max}\\[2mm]\tau_{min}\end{array}\right\} = \pm \sqrt{\left(\frac{\sigma_x - \sigma_y}{2}\right)^2 + \tau_{xy}^2} \qquad (6-6)$$

比较式(6-3)和式(6-5)两式可得

$$\tan2\alpha_0 = -\frac{1}{\tan2\alpha_1} = -\cot2\alpha_1$$

$$2\alpha_1 = 2\alpha_0 + \frac{\pi}{2}$$

$$\alpha_1 = \alpha_0 + \frac{\pi}{4}$$

这表明切应力极值所处平面与主平面夹角为45°。

比较式(6-4)与式(6-6),可知

$$\left.\begin{array}{c}\tau_{\max}\\[8pt]\tau_{\min}\end{array}\right\} = \pm\frac{\sigma_{\max}-\sigma_{\min}}{2} \qquad (6-7)$$

式(6-7)表明:切应力极值的数值,等于两个主应力差值的一半。

二、图解法

1.应力圆方程

平面应力状态下的应力分析还可用另一方法—图解法。其特点是简便、直观,省去了复杂的计算。由式(6-1)与式(6-2)可知,正应力 σ_a 与切应力 τ_a 均为 α 的函数,而式(6-1)、式(6-2)则为关于 α 的参数方程,将两式联立消去 α 后可得 σ_a 与 τ_a 的关系式,首先将两式改写为

$$\sigma_a = \frac{\sigma_x+\sigma_y}{2} + \frac{\sigma_x-\sigma_y}{2}\cos2\alpha - \tau_{xy}\sin2\alpha$$

$$\tau_a = \frac{\sigma_x+\sigma_y}{2}\sin2\alpha + \tau_{xy}\cos2\alpha$$

然后将两式各自平方后相加,可得

$$\left(\sigma_a - \frac{\sigma_x+\sigma_y}{2}\right)^2 + (\tau_a-0)^2 = \left(\frac{\sigma_x-\sigma_y}{2}\right)^2 + \tau_{xy}^2 \qquad (6-8)$$

式(6-8)为一个圆方程,在以 σ 为横坐标,τ 为纵坐标的平面内,此圆圆心坐标为 $\left(\frac{\sigma_x+\sigma_y}{2},0\right)$,半径为 $R = \sqrt{\left(\frac{\sigma_x-\sigma_y}{2}\right)^2 + \tau_{xy}^2}$,这一圆周称为应力圆。应

力圆最早由德国工程师莫尔(Mohr.O)提出,故又称为莫尔应力圆,简称莫尔圆。

2.应力圆的画法

现以如图 6-3(a)所示单元体为例说明应力圆的作法。先建立 $\sigma - \tau$ 直角坐标系,按一定比例尺量取横坐标 $\overline{OA} = \sigma_x$,纵坐标 $\overline{AD} = \tau_{xy}$,确定 D 点[图6-3(b)]。D 点的坐标代表以 x 为法线的面上的应力。量取 $\overline{OB} = \sigma_y$,$\overline{BD'} = \tau_{xy}$,确定 D' 点。τ_{xy} 为负,故 D' 的纵坐标也为负。D' 点的坐标代表以 y 为法线的面上的应力。连接 D 和 D',与横坐标轴相交于 C 点。若以 C 点为圆心,CD 为半径作圆,由于圆心 C 的纵坐标为零,横坐标 OC 和圆半径 CD 又分别为

$$\overline{OC} = \frac{1}{2}(\overline{OA} + \overline{OB}) = \frac{\sigma_x + \sigma_y}{2}$$

$$\overline{CD} = \sqrt{\overline{CA}^2 + \overline{AD}^2} = \sqrt{(\frac{\sigma_x - \sigma_y}{2})^2 + \tau_{xy}^2}$$

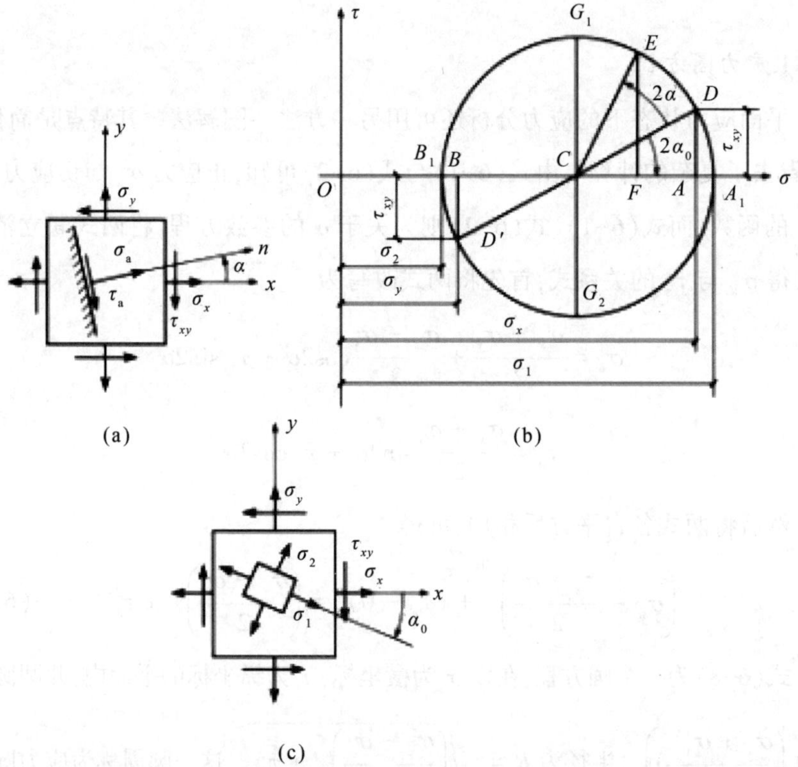

图 6-3

所以,这一圆周就是该单元体的应力圆。

3.应力圆的应用

(1)平面应力状态单元体与其应力圆的对应关系。

①点面对应。应力圆上某一点的坐标值对应着单元体相应截面上的正应力和切应力值。

②转向对应。应力圆半径旋转时,半径端点的坐标随之改变,对应地,单元体上斜截面的法线也沿相同方向旋转,才能保证斜截面上的应力与应力圆上半径端点的坐标相对应。

③两倍角对应。单元体上任意两斜截面的外法线之间的夹角若为 α,则对应在应力圆上代表该两斜截面上应力的两点之间的圆弧所对应的圆心角必为 2α。

(2)利用应力圆确定单元体任一斜截面上的应力。根据以上的对应关系,可以从作出的应力圆确定单元体内任意斜截面上的应力值。注意到图 6-3 (a)、(b),若求法线 n 轴与 x 轴夹角为逆时针 α 角的斜截面上的应力 σ_a、τ_a,则在应力圆上,从 D 点也按逆时针方向沿圆周转到 E 点,且使 DE 弧所对应的圆心角为 2α,则 E 点的坐标就代表以 n 为法线的斜截面上的应力 σ_a、τ_a。

证明:

$$\overline{OF} = \overline{OC} + \overline{CE}\cos(2\alpha_0 + 2\alpha)$$

$$= \overline{OC} + \overline{CE}\cos2\alpha_0 - \overline{CE}\sin2\alpha\sin2\alpha_0$$

$$\overline{FE} = \overline{CE}\sin(2\alpha_0 + 2\alpha)$$

$$= \overline{CE}\sin2\alpha_0\cos2\alpha + \overline{CE}\cos2\alpha_0\sin2\alpha$$

因为 $\overline{CE} = \overline{CD}$

$$\overline{CE}\cos2\alpha = \overline{CD}\cos2\alpha_0 = \overline{CA} = \frac{\sigma_x - \sigma_y}{2}$$

$$\overline{CE}\sin2\alpha_0 = \overline{CD}\sin2\alpha_0 = \overline{CA} = \tau_{xy}$$

所以

$$\overline{OF} = \frac{\sigma_x + \sigma_y}{2} + \frac{\sigma_x - \sigma_y}{2}\cos2\alpha - \tau_{xy}\sin2\alpha$$

$$\overline{FE} = \frac{\sigma_x - \sigma_y}{2}\sin2\alpha + \tau_{xy}\cos2\alpha$$

与式(6-1)和式(6-2)比较,可见 $OF = \sigma_a, FE = \tau_a$,证毕。

(3)确定主应力的数值和主平面的方位。由于应力圆上 A_1 点的横坐标(正应力)大于所有其他点的横坐标,而纵坐标(切应力)等于零。所以,A 点代表最大的主应力,即

$$\sigma_1 = \overline{OA_1} = \overline{OC} + \overline{CA_1}$$

同理,B 点代表最小的主应力,即

$$\sigma_2 = \overline{OB_1} = \overline{OC} - \overline{CB_1}$$

注意到 $\overline{OC}$ 是应力圆的圆心横坐标,而 $\overline{CA_1}$ 和 $\overline{CB_1}$ 都是应力圆的半径,则

$$\left.\begin{array}{r}\tau_{max}\\[2mm]\tau_{min}\end{array}\right\} = \frac{\sigma_x + \sigma_y}{2} \pm \sqrt{(\frac{\sigma_x - \sigma_y}{2})^2 + \tau_{xy}^2}$$

得到式(6-4)。在应力圆上由 D 点(代表法线为 x 轴的平面)到 A_1 点所对应圆心角为顺时针的 $2\alpha_0$,在单元体中[图6-3(c)]由 x 轴也按顺时针取 α_0,就确定了 σ_1 所在的主平面的法线位置。按照关于 α 的符号规定,顺时针的 α_0 是负的,$\tan2\alpha_0$ 应为负值,由图6-3(b)可以看出

$$\tan2\alpha_0 = -\frac{\overline{AD}}{\overline{CA}} = \frac{-2\tau_{xy}}{\sigma_x - \sigma_y}$$

这就是式(6-3)。

4.确定最大切应力及作用平面的方位

由应力圆可知,G_1 和 G_2 两点的纵坐标分别代表最大和最小的切应力,因为 $\overline{CG_1}$ 和 $\overline{CG_2}$ 都是应力圆的半径,故有

$$\left.\begin{array}{r}\tau_{max}\\[2mm]\tau_{min}\end{array}\right\} \pm \frac{\sigma_{max} - \sigma_{min}}{2}$$

这就是式(6-7)。

在应力圆上,由 A_1 到 G_1 所对圆心角为逆时针的,所以在单元体内,最大切应力所对平面与最大正应力所在的主平面的夹角为逆时针的。

第二节 空间应力状态的概念

本节只讨论在单元体三对面上分别作用着三个主应力($\sigma_1 > \sigma_2 > \sigma_3 \neq 0$ 的空间应力状态时的情况,如图 6-4(a)所示。

空间应力状态应力圆用主应力单元体来作比较简便。设有一主应力单元体如图 6-4(a)所示,主应力 σ_1、σ_2、σ_3 均已知。考察所有平行于 σ_2 的斜截面,如图 6-4(a)中阴影部分,该面上的应力如图 6-4(b)所示,σ_a 和 τ_a 都与 σ_2 垂直,因此,它们只与 σ_1 和 σ_3 有关,而与 σ_2 无关,这类斜截面(所有平行于 σ_2)的应力与如图 6-4(c)所示应力单元体相同,可用以 σ_1—σ_3 为直径的应力圆 1 表示[图 6-4(d)]。

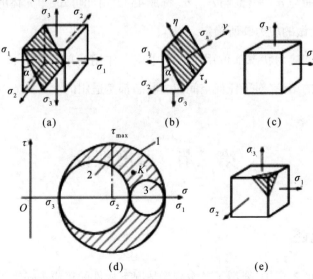

(a)　　　　(b)　　　　(c)

(d)　　　　(e)

图 6-4

同理,所有平行于 σ_1 的斜截面上的应力,可用直径为 $\sigma_1 - \sigma_3$ 的应力圆 2 表示,所有平行于 σ_3 的斜截面上的应力,可用直径为 $\sigma_1 - \sigma_2$ 的应力圆 3 表示[图 6-4(d)]。

对于单元体上除上述三类平行于主应力的斜截面以外的任意斜截面,如图 6-4(e)中阴影部分的斜面,其应力对应于图 6-4(d)中三圆所围阴影部分中的某点 K。

因此,空间应力状态的应力圆是图 6-4(d)中三个圆及其包围阴影部分。

如图 6-4(d)所示,空间应力状态下,一点处最大正应力和最小正应力为

$$\sigma_{max} = \sigma_1 , \sigma_{min} = \sigma_3$$

三个圆的半径值称为主切应力,分别为

$$\tau_{12} = \frac{\sigma_1 - \sigma_2}{2} , \tau_{23} = \frac{\sigma_2 - \sigma_3}{2} , \tau_{13} = \frac{\sigma_1 - \sigma_3}{2}$$

最大的切应力 τ_{max} 的数值为大圆(应力圆 1)的半径,即

$$\tau_{max} = \frac{\sigma_1 - \sigma_3}{2} \tag{6-9}$$

其作用面与 σ_2 平行,与 σ_1、σ_3 都成45°。由此可知,单元体的应力极值均由 σ_1、σ_3 所做的应力圆所确定。

任意空间应力状态都可用有三个主应力作用的单元体的特殊形式表示。本节所得到的结论,对于任何空间应力状态都是适用的。

第三节　强度理论

一、概述

在前面的各章中,介绍了基本变形情况下构件的正应力强度条件和切应力强度条件,对于各种构件的强度计算,总是先计算出其横截面上的最大正应力

和最大剪应力,然后从这两个方面建立其强度条件为

正应力强度条件:$\sigma_{max} \leqslant [\sigma]$

剪应力强度条件:$\tau_{max} \geqslant [\tau]$

式中,材料的许用应力$[\sigma]$和$[\tau]$,分别是由单向应力状态和纯剪切实验测定在破坏时试件的极限应力(屈服极限或强度极限),然后除以适当的安全系数得到的。这种强度条件并没有考虑材料的破坏是由什么因素(或主要原因)引起的,而是直接根据实验结果建立了强度条件,这种方法只对危险截面上危险点处是单向应力状态和纯剪应力状态的特殊情况才适用,但对于工程中处于复杂应力状态下许多构件的危险点则不能。这是因为,复杂应力状态实验比较复杂,而且复杂应力状态应力单元体三个主应力的组合方式和比值又有各种可能。如果像单向拉伸一样,靠实验来确定失效状态,建立强度条件,则必须对各式各样的应力状态一一进行实验,由于技术上的困难和工作的繁重,往往是很难实现的。解决这类问题,经常是根据部分实验结果,经过推理,提出一些假说,推测材料失效的原因,从而建立强度条件。

实验表明,材料在静载荷作用下的失效形式主要有两种:一种为断裂;另一种为屈服。许多实验表明,断裂常常是拉应力或拉应变过大所致。例如,灰口铸铁试样拉伸时沿横截面断裂,扭转时沿与轴线约成45°倾角的螺旋面断裂,砖、石试样受压时沿纵截面断裂,即均与最大拉应力或最大拉应变有关。材料屈服时,出现显著塑性变形。许多实验表明,屈服或出现显著塑性变形常常是切应力过大所致。例如,低碳钢试样拉伸屈服时,在其表面与轴线约成45°的方向出现滑移线,扭转屈服时沿纵、横方向出现滑移线,即均与切应力有关,如图6-5所示。

实际上,衡量受力和变形程度的量有应力、应变和应变能等。人们在长期生产活动中,综合分析材料的失效现象,对强度失效提出各种假说。这类假说认为,材料之所以按某种方式(断裂或屈服)失效,是应力、应变或应变能等因素中某一种因素引起的。按照这类假说,无论是简单或是复杂应力状态,引起

失效的因素是相同的,亦即造成失效的原因与应力状态无关。这一类关于材料破坏规律的假说统称为强度理论。显然,这些假说的正确性,必须经受实验与实践的检验。实际上,也正是在反复实验与实践的基础上,强度理论才逐步得到发展并日趋完善。

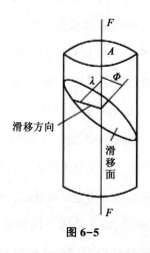

图 6-5

远在 17 世纪,当时主要使用砖、石与灰口铸铁等脆性材料,观察到的破坏现象也多属脆性断裂,从而提出了以断裂作为失效标志的强度理论,主要包括最大拉应力理论与最大拉应变理论。到了 19 世纪,由于生产的发展,科学技术的进步,工程中大量使用钢、铜等塑性材料,并对塑性变形的机理有了较多认识,于是,又相继提出以屈服或显著塑性变形为失效标志的强度理论,主要包括最大切应力理论与畸变能理论。

最大拉应力理论、最大拉应变理论、最大切应力理论与畸变能密度理论,是当前最常用的强度理论。此外,莫尔理论也是一个重要的强度理论。它们适用于均匀、连续、各向同性材料,而且工作在常温、静载条件下。

二、几种常用强度理论

前面已经提到,强度失效的主要形式有两种,即屈服与断裂。相应的强度理论也可分为两类:一类是解释断裂失效的,其中有最大拉应力理论和最大伸长线应变理论;另一类是解释屈服失效的,其中有最大剪应力理论和畸变能密度理论。现依次介绍如下。

1.最大拉应力理论(第一强度理论)

最大拉应力理论认为:引起材料断裂的主要因素是最大拉应力,而且无论材料处于何种应力状态,只要最大拉应力 σ_1 达到材料单向拉伸断裂时的最大拉应力值即强度极限,材料就发生断裂。按照最大拉应力理论,材料的断裂条件为

$$\sigma_1 = \sigma_b \qquad (6-10)$$

将极限应力 σ_b 除以安全系数得到许用应力 $[\sigma]$,所以,按最大拉应力理论建立的强度条件是

$$\sigma_1 \leqslant [\sigma] \qquad (6-11)$$

实验表明,脆性材料在二向或三向受拉断裂时,最大拉应力理论与实验结果相当接近;而当存在压应力的情况下,则只要最大压应力值不超过最大拉应力值或超过不多,最大拉应力理论也是正确的。但这一理论没有考虑其他两个主应力的影响,且对没有拉应力的状态(如单向压缩、三向压缩等)也无法应用。

2.最大拉应变理论(第二强度理论)

最大拉应变理论认为:引起材料断裂的主要因素是最大拉应变,而且无论材料处于何种应力状态,只要最大拉应变 ε_1 达到材料单向拉伸断裂时的最大拉应变 ε_{1u} ,材料即发生断裂。按此理论,材料的断裂条件为

$$\varepsilon_1 = \varepsilon_{1u} \qquad (6-12)$$

对于灰口铸铁等脆性材料,从拉伸受力直到断裂,其应力应变关系基本符合广义胡克定律,因此,复杂应力状态下的最大拉应变为

$$\varepsilon_1 = \frac{1}{E}[\sigma_1 - \mu(\sigma_2 + \sigma_3)] \qquad (a)$$

而材料在单向拉伸断裂时的主应力为 $\sigma_1 = \sigma_b, \sigma_2 = \sigma_3 = 0$,所以,相应的最大拉伸线应变则为

$$\varepsilon_{1u} = \frac{\sigma_b}{E} \qquad\qquad (b)$$

将式（a）与式（b）代入式（6-12），得

$$\sigma_1 - \mu(\sigma_2 + \sigma_3) = \sigma_b \qquad\qquad (c)$$

此式即为用主应力表示的断裂破坏条件。

由式（c）并考虑强度储备后，于是按最大拉应变理论建立的强度条件是

$$\sigma_1 - \mu(\sigma_2 + \sigma_3) \leqslant [\sigma] \qquad\qquad (6-13)$$

实验表明，脆性材料在双向拉伸—压缩应力状态下，且压应力值超过拉应力值时，最大拉应变理论与实验结果大致符合。此外，砖、石等脆性材料，压缩时之所以沿纵向截面断裂，也可由此理论得到说明。

3.最大切应力理论（第三强度理论）

最大切应力理论认为：引起材料屈服的主要因素是最大切应力，而且无论材料处于何种应力状态，只要最大切应力 τ_{max} 达到材料单向拉伸屈服时的最大切应力 τ_u，材料即发生屈服。按此理论，材料的屈服条件为

$$\sigma_1 - \sigma_3 = \sigma_S \qquad\qquad (6-14)$$

由应力状态相关理论可知，材料在复杂应力状态下的最大切应力为

$$\tau_{max} = \frac{\sigma_1 - \sigma_3}{2} \qquad\qquad (d)$$

材料单向拉伸屈服时的主应力 $\sigma_1 = \sigma_S, \sigma_2 = \sigma_3 = 0$，所以，相应的最大切应力为

$$\tau_u = \frac{\sigma_S - 0}{2} = \frac{\sigma_S}{2} \qquad\qquad (e)$$

将式（d）与式（e）代入式（6-14），得用主应力表示的屈服条件

$$\sigma_1 - \sigma_3 = \sigma_S$$

将极限应力，除以安全系数得许用应力 $[\tau]$，于是按最大切应力理论建立的强度条件是

$$\sigma_1 - \sigma_3 \leqslant [\sigma] \qquad\qquad (6-15)$$

最大切应力理论最早由法国科学家库仑于 1773 年提出,是关于剪断的强度理论,并应用于建立土的强度条件;1864 年特雷斯卡通过挤压实验研究屈服和屈服准则,将剪断准则发展为屈服准则,又称为特雷斯卡准则。对于塑性材料,最大切应力理论与实验结果很接近,因此,在工程中得到广泛应用。该理论的缺点是未考虑第二主应力的作用,而实验表明,第二主应力对材料屈服确实存在一定影响。因此,该理论提出不久,又产生了畸变能密度理论。

4.畸变能密度理论(第四强度理论)

畸变能密度理论认为:引起材料屈服的主要因素是畸变能密度,而且无论材料处于何种应力状态,只要畸变能密度 $v_d = v_{ds}$ 达到材料单向拉伸屈服时的畸变能密度值 v_{ds} ,材料即发生屈服。按此理论,材料的屈服条件为

$$v_d = v_{ds} \tag{6-16}$$

材料在复杂应力状态下单位体积内的形状改变能即畸变能密度,其一般表达式为

$$v_d = \frac{1+\mu}{6E}[(\sigma_1-\sigma_2)^2 + (\sigma_2-\sigma_3)^2(\sigma_3-\sigma_1)^2] \tag{f}$$

材料单向拉伸屈服时的主应力 $\sigma_1 = \sigma_s, \sigma_2 = \sigma_3 = 0$,所以,相应的畸变能密度为

$$v_{ds} = \frac{1+\mu}{3E}\sigma_s^2 \tag{g}$$

将式(f)与式(g)代入式(6-16),得到用主应力表示的材料的屈服条件为

$$\sqrt{\frac{1}{2}[(\sigma_1-\sigma_2)^2 + (\sigma_2-\sigma_3)^2(\sigma_3-\sigma_1)^2]} = \sigma_s \tag{h}$$

将极限应力 σ_s 除以安全系数得许用应力 $[\sigma]$,于是按畸变能密度理论建立相应的强度条件是

$$\sqrt{\frac{1}{2}[(\sigma_1-\sigma_2)^2 + (\sigma_2-\sigma_3)^2(\sigma_3-\sigma_1)^2]} \leq \sigma_s \tag{6-17}$$

畸变能密度理论由米泽斯(R.von Mises)于 1913 年从修正最大切应力准则

出发提出。1924年德国的亨奇(H.Hencky)从畸变能密度出发对这一准则做了解释,从而形成了畸变能密度理论,因此,这一理论又称为米泽斯准则。实验表明,对于塑性材料,畸变能密度理论比最大切应力理论更符合实验结果。但由于最大切应力理论的数学表达式比较简单,因此,最大切应力理论与畸变能密度理论在工程中均得到广泛使用。

5.莫尔强度理论

莫尔强度理论并不简单地假设材料的破坏是某一因素(例如,应力、应变、形状改变比能等)达到了其极限值而引起的,它是以各种应力状态下材料的破坏实验结果为依据建立起来的带有一定经验性的强度理论。

由上述可知,任意空间应力状态都可以用莫尔提出的应力圆很清晰地表示出来,如图6-4(d)所示。从图6-4(d)中可以看出,代表一点处应力状态中最大正应力和最大切应力的点均在外圆上,因此,莫尔认为单由外圆就足以决定出极限应力状态,而不必考虑中间主应力 σ_2 对材料破坏的影响。

同时莫尔也认为,按照材料在某些应力状态下破坏时的主应力 σ_1 和 σ_3 可作出一组应力圆——极限应力圆(图6-6),这组极限应力圆有一条公共包络线(即极限包络线,一般情况下为曲线,如图中的曲线 ABC 和与它对称的另一曲线)。该包络线与材料的性质有关,不同材料的包络线不一样,但对同一材料则认为它是唯一的。在工程应用中,往往根据单向拉伸和单向压缩作出的两个极限应力圆定出公切线(直线)作为极限包络线。

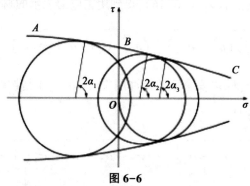

图6-6

为了进行强度计算,还必须考虑适当的安全因数 n,因此,可将所有极限应力圆的直径缩小 n 倍,得到的应力圆才是与许用应力状态相对的。于是,用材料在单向拉伸时许用拉应力$[\sigma_t]$和单向压缩时许用压应力$[\sigma_c]$分别作出其许用应力圆,然后以直线公切线(图6-6)来求得复杂应力状态下按莫尔强度理论所建立的强度条件。

对一个已知的应力状态,如由 σ_1 和 σ_3 确定的应力圆在上述包络线区域之内,这一应力状态将不会引起失效。如恰与包络线相切,就表明这一应力状态已达到失效状态。这时 σ_1 与 σ_3 的值同材料的许用应力$[\sigma_1]$与$[\sigma_c]$值之间的关系,可以很容易通过图 6-7 中的几何关系来确定。由两个相似三角形 $\triangle O_1NO_3$ 与 $\triangle O_1PO_2$ 对应边的比例关系可得

$$\frac{O_3N}{O_2P} = \frac{O_3O_1}{O_2O_1} \tag{a}$$

其中

$$O_3N = \frac{\sigma_1 - \sigma_3}{2} - \frac{[\sigma_t]}{2}, O_2P = \frac{[\sigma_c]}{2} - \frac{[\sigma_t]}{2}$$

$$O_3O_1 = \frac{[\sigma_t]}{2} - \frac{\sigma_1 + \sigma_3}{2}$$

$$O_2O_1 = \frac{[\sigma_t]}{2} + \frac{[\sigma_c]}{2}$$

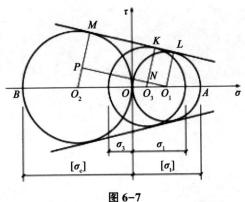

图6-7

上述诸式中,许用压应力$[\sigma_c]$用的是绝对值,而σ_3若为压应力时用负值。将上面四个关系式代入式(a)中,经化简后可得

$$\sigma_1 - \frac{[\sigma_t]}{[\sigma_c]}\sigma_3 = [\sigma_t]$$

式中的σ_1、σ_3实际上是所研究的复杂应力状态下刚好处于失效状态时的值,因而莫尔强度理论的强度条件应写为

$$\sigma_1 - \frac{[\sigma_t]}{[\sigma_c]}\sigma_3 \leq [\sigma_t] \tag{6-18}$$

这样莫尔强度理论的相当应力表达式为$\sigma_{rM} = \sigma_1 - \frac{[\sigma_t]}{[\sigma_c]}\sigma_3$。当材料单向拉伸与压缩时的许用拉、压应力相等时,相当应力即退变为($\sigma_1 - \sigma_3$),与第三强度理论的表达式一致。由此可知,莫尔强度理论实际上可看作是第三强度理论的推广,它考虑了材料在单向拉伸与压缩时强度不相等的情况。

第七章　组合变形

第一节　斜弯曲

在前面研究的弯曲问题中,对于具有纵向对称平面的梁,当外力作用在纵向对称平面内时,梁发生平面弯曲,如图7-1(a)所示。对于不具有纵向对称平面的梁,只有当外力作用在通过弯曲中心且与形心主惯性平面平行的弯心平面内时,梁只发生平面弯曲,如图7-1(b)所示。但工程中常有一些梁,不论梁是否具有纵向对称平面,外力虽然经过弯曲中心(或形心),但其作用面与形心主惯性平面既不重合,也不平行,如图7-1(c)、(d)所示,这种弯曲称为斜弯曲。

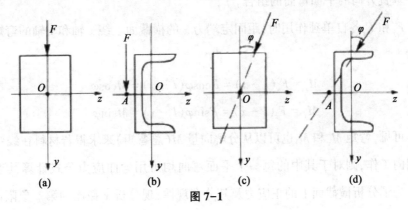

图7-1

现以如图7-2所示矩形截面悬臂梁为例。研究具有两个相互垂直的对称面的梁在斜弯曲情况下的应力和强度计算。

设 F 力作用在梁自由端截面的形心,并与竖向形心主轴夹 φ 角。现将 F

力沿两形心主轴分解,得

$$F_y = F\cos\varphi$$

$$F_z = F\sin\varphi$$

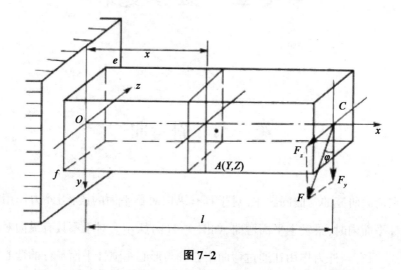

图 7-2

在 F_y 单独作用下,梁在竖直平面内发生平面弯曲,z 轴为中性轴;而在 F_z 单独作用下,梁在水平平面内发生平面弯曲,y 轴为中性轴。可见,斜弯曲是两个互相垂直方向的平面弯曲的组合。

F_y 和 F_z 各自单独作用时,距固定端为 x 的横截面上绕 x 轴和 y 轴的弯矩分别为

$$M_z = F_y(l - x) = F\cos\varphi(l - x) = M\cos\varphi$$

$$M_y = F_z(l - x) = F\sin\varphi(l - x) = M\sin\varphi$$

可见,弯矩 M_y 和 M_z 也可以从分解向量 M(总弯矩)来求得若材料在线弹性范围内工作,则对于其中的每一个平面弯曲均可用弯曲应力公式计算其正应力。为了分析横截面上的正应力及其分布规律,现分析 x 截面的第一象限内 A (y,z) 处的正应力。F_y 和 F_z 分别引起正应力为

$$\sigma' = \frac{M_z y}{I_z} = \frac{M\cos\varphi}{I_z}y, \sigma'' = \frac{M_y z}{I_y} = \frac{M\sin\varphi}{I_y}z \qquad (7-1)$$

关于 σ' 和 σ'' 的正负号,由杆的变形情况确定比较方便。在这一问题中,

由于 F_z 的作用,横截面上竖向形心主轴 y 轴以右的各点处产生拉应力,以左的各点处产生压应力;由于 F_y 的作用,横截面上水平形心主轴 z 轴以上的各点处产生拉应力,以下的各点处产生压应力。所以 A 点处由 F_y 和 F_z 引起的正应力分别为压应力和拉应力。由叠加法,得 A 点处的正应力为

$$\sigma = \sigma' + \sigma'' = M\left(\frac{\cos\varphi}{I_z} + \frac{M\sin\varphi}{I_y}\right)$$

式(7-1)表明横截面上的正应力是坐标 y、z 的线性函数,x 截面上的正应力变化规律如图 7-3 所示。

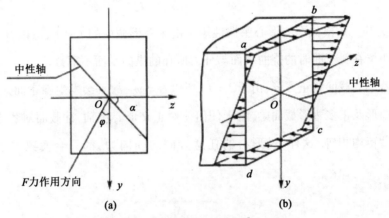

图 7-3 斜弯曲横截面上的应力分布

由图可见,在 x 截面上角点 b 处有最大拉应力,下角点 d 处有最大压应力,它们的绝对值相等。中性轴过形心,可见 b 和 d 点就是离中性轴最远的点。

对整个梁来说,横截面上的最大正应力应在危险截面的角点处,其值为

$$\sigma_{\max} = \frac{M_{y,\max}}{W_y} + \frac{M_{z,\max}}{W_z}$$

$$= \frac{M_{\max}\sin\varphi}{W_y} + \frac{M_{\max}\cos\varphi}{W_z}$$

$$= M_{\max}\left(\frac{\sin\varphi}{W_y} + \frac{\cos\varphi}{W_z}\right)$$

角点的切应力为零,处于单向应力状态。强度条件为

$$\sigma_{max} \leqslant [\sigma] \qquad\qquad (7-2)$$

现在用叠加法求梁在斜弯曲时的挠度。当 F_y 和 F_z 各自单独作用时，自由端的挠度分别为

$$\omega_y = \frac{F_y l^3}{3EI_z}, \omega_z = \frac{F_z l^3}{3EI_y}$$

因 ω_y 和 $\omega_z wz$ 是正交的，所以当 F_y 和 F_z 共同作用时，自由端截面的总挠度为 $\omega = \sqrt{\omega_y^2 + \omega_z^2}$，若以 β 表示总挠度与 y 轴之间的夹角(图7-4)则

$$\tan\beta = \frac{\omega_z}{\omega_y} = \frac{I_z}{I_y} \times \frac{F_z}{F_y} = \frac{I_z}{I_y} \tan\varphi \qquad\qquad (7-3)$$

式中，I_y 和 I_z 是横截面的形心主惯性矩。由于矩形截面的 $I_y \neq I_z$，所以 $\beta \neq \varphi$。这表明梁在斜弯曲时的挠曲平面与外力所在的纵向平面不重合。

若梁的截面是正方形，由于 $I_y = I_z$，所以 $\beta = \varphi$，故不会发生斜弯曲。因此，对于圆形及正多边形截面梁，由于任何一对正交形心主轴，且截面对各形心轴的惯性矩均相等，这样，过形心的任意方向的横向力，都只会使梁发生平面弯曲。

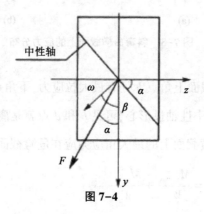

图 7-4

【例7-1】跨度为 L 的简支梁，由 32a 工字钢做成，其受力如图7-5所示，力 F 作用线通过截面形心且与 y 轴夹角 $\varphi = 15°$，$[\sigma] = 170\ \text{MPa}$，试按正应力校核此梁强度。

【解】

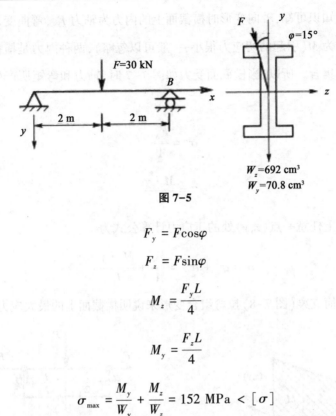

图 7-5

$$F_y = F\cos\varphi$$

$$F_z = F\sin\varphi$$

$$M_z = \frac{F_y L}{4}$$

$$M_y = \frac{F_z L}{4}$$

$$\sigma_{\max} = \frac{M_y}{W_y} + \frac{M_z}{W_z} = 152 \text{ MPa} < [\sigma]$$

故此梁满足强度条件。

第二节　拉压与弯曲

当作用在杆件上的外力既有轴向拉(压)力,又有横向力时(图 7-6),杆件会发生拉伸(压缩)与弯曲的组合变形。

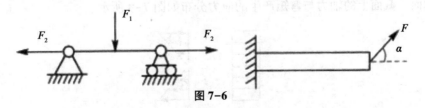

图 7-6

由力学知识可知,轴向变形时横截面上的内力为轴力 F_N,弯曲变形时横截面上的内力为 M(引起的切应力很小,一般可以忽略),两种内力是横截面上法向正应力的集合。所以,当横截面受力如图7-7时,轴力和弯矩所产生的应力分别为

$$\sigma' = \frac{F_N}{A}$$

$$\sigma'' = \frac{M \cdot y}{I_z}$$

横截面上任意一点 (z,y) 处的正应力计算公式为

$$\sigma = \sigma' + \sigma'' = \frac{F_N}{A} + \frac{M_z \cdot y}{I_z} \tag{7-4}$$

下面以简支梁(图7-8)拉弯组合变形来说明横截面上的最大应力。

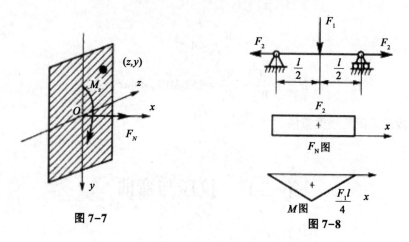

图 7-7   图 7-8

图7-8梁的轴力 $F_N = F_2$,最大弯矩 $M_{max} = \frac{F_1 l}{4}$,所以跨中截面是杆的危险截面。截面上的轴力与弯矩产生的应力分布如图7-9所示。

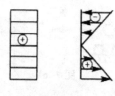

图 7-9

拉伸正应力:

$$\sigma' = \frac{F_2}{A}$$

最大弯曲应力:

$$\sigma''_{max} = \pm\frac{M_{max}}{W_z} = \pm\frac{F_1 l}{4W_z}$$

杆危险截面上下边缘各点处上的压、拉应力为

$$\sigma_{t,max} = \sigma' \pm \sigma''_{max} = \frac{F_2}{A} \pm \frac{M_{max}}{W_z} = \frac{F_2}{A} \pm \frac{F_2 l}{4W_z} \qquad (7-5)$$

当直杆受到与杆的轴线平行但不通过截面形心的拉力或压力作用时,即为偏心拉伸或偏心压缩。

矩形截面偏心受力情况如图 7-10 所示。

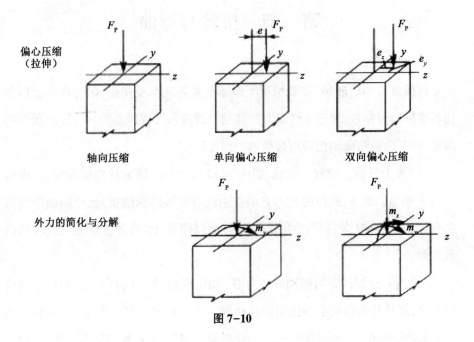

图 7-10

【例 7-2】如图 7-11 所示简支梁,求其最大正应力。

【解】梁发生平面弯曲与轴向压缩组合变形,则

$$\sigma_{c,max} = \frac{F\sin\varphi}{a^2} + \frac{\frac{1}{4}F\cos\varphi l}{\frac{1}{6}a^2} = \frac{F\sin\varphi}{a^2} + \frac{3Fl\cos\varphi}{2a^2}$$

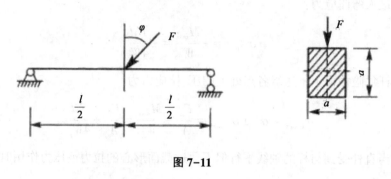

图 7-11

第三节　扭转与弯曲

机械设备中的转轴,多数情况下既承受弯矩又承受扭矩,因此弯曲变形和扭转变形同时存在,即产生弯曲与扭转的组合变形。现以如图 7-12(a)所示的圆轴为例,说明弯曲与扭转组合变形的强度计算。

(1)外力分析。设有一圆轴,如图 7-12(a)所示,圆轴的左端固定,自由端受力 F 和力偶矩 M_e 的作用。力 F 的作用线与圆轴的轴线垂直,使圆轴产生弯曲变形;力偶矩 M_e 使圆轴产生扭转变形,所以圆轴 AB 将产生弯曲与扭转的组合变形。

(2)内力分析。画出圆轴的内力图,如图 7-12(b)、(c)所示。由扭矩图可以看出,圆轴各横截面上的扭矩值都相等。从弯矩图中可以看出,固定端 A 截面上的弯矩值最大,所以横截面 A 为危险截面,其上的扭矩值和弯矩值分别为

$$T = M_e, M = Fl$$

(3)应力分析。在危险截面 A 上必然存在弯曲正应力和扭转切应力,其分布情况如图 7-12(d)所示,C、D 两点为危险点。且有

$$\tau = \frac{T}{W_p}, \sigma = \frac{M}{W_z}$$

（4）强度条件。发生扭转与弯曲组合变形的圆轴一般由塑性材料制成。由于其危险点同时存在弯曲正应力和扭转切应力,而且变形性质不同,因此,应先计算出其危险点的当量应力,然后再进行强度校核。当量应力（根据强度理论）为

$$\sigma_r = \sqrt{\sigma^2 + 4\tau^2} \tag{7-6}$$

式中：σ_r——危险点的当量应力；

σ——弯曲正应力；

τ——扭转切应力。

对于圆截面杆,有 $W_p = 2W_z$,则式（7-6）可写为

$$\sigma_r = \frac{\sqrt{M^2 + T^2}}{W_z} \tag{7-7}$$

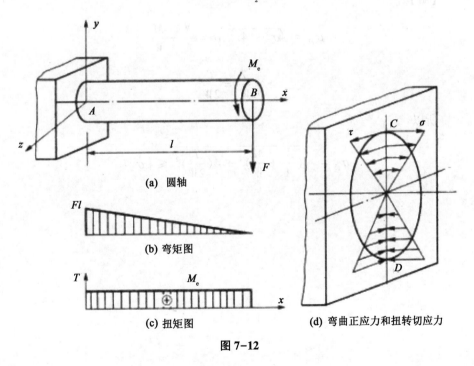

(a) 圆轴

(b) 弯矩图

(c) 扭矩图

(d) 弯曲正应力和扭转切应力

图 7-12

　　要使受扭转与弯曲组合变形的杆件具有足够的强度,就应使杆件危险截面上危险点的当量应力不超过材料的许用应力,即

$$\sigma_r = \frac{\sqrt{M^2 + T^2}}{W_z} \leqslant [\sigma] \qquad (7-8)$$

为扭转与弯曲组合变形的强度条件。

　　【例7-3】如图7-13所示梁同时受到扭矩 T、弯曲力偶 M 和轴力 N 作用,写出其强度条件,其中 $W = \dfrac{\pi d^3}{32}$。

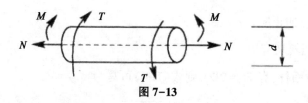

图 7-13

　　【解】

$$\sigma_{r3} = \sqrt{\sigma^2 + 4\tau^2}, \sigma = \frac{N}{A} + \frac{M}{W}$$

$$\tau = \frac{T}{W_t} = \frac{T}{2W}$$

　　所以

$$\sigma_{r3} = \sqrt{\left(\frac{N}{A} + \frac{M}{W}\right)^2 + 4\left(\frac{T}{2W}\right)^2} \leqslant [\sigma]$$

第八章 压杆稳定

第一节 细长中心受压直杆的临界力

由上述分析可知,处于不稳定的平衡状态即失稳状态。压杆失稳时,压杆的变形处于微弯状态;此时作用在压杆上的最小轴向压力值,在数值上等于压杆的临界载荷,即 $F=F_{cr}$。现以两端铰支细长中心受压压杆为例,说明确定临界载荷的方法,并进一步研究压杆稳定的相关概念。

两端铰支细长中心受压压杆的临界力的计算公式推导如下:

设两端铰支长度为 l 的细长杆,在轴向压力 F_{cr} 的作用下保持微弯平衡状态,如图 8-1 所示,当杆所受的压应力不超过材料的比例极限时,压杆在小变形时挠曲线近似微分方程 $y=y(x)$ 应满足下述关系式:

$$\frac{\mathrm{d}^2 y}{\mathrm{d}x^2} = -\frac{M(x)}{EI} \tag{8-1}$$

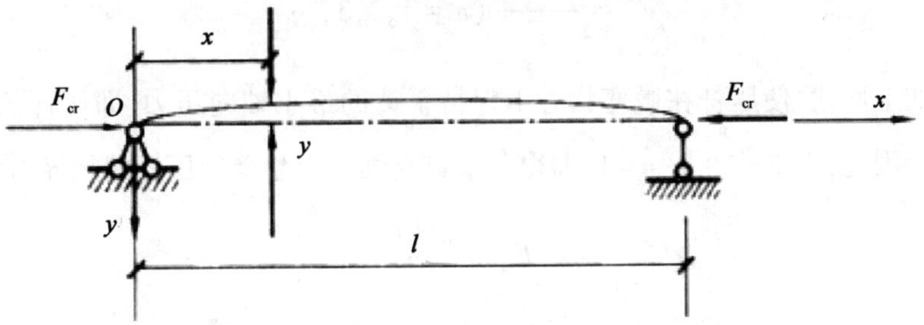

图 8-1

由图 8-1 可知, 压杆 x 处横截面上的弯矩为:

$$M(x) = F_{cr} \cdot y \qquad (8-2)$$

将式(8-2)代入式(8-1), 并令 $\dfrac{F_{cr}}{EI} = k^2$ 则式②可改写为二阶常系数线性微分方程:

$$\frac{\mathrm{d}^2 y}{\mathrm{d}x^2} + k^2 y = 0$$

其通解为:

$$y = A\sin kx + B\cos kx$$

式中, 常数 A、B 和 k 均为未知, 其值由近似微分挠曲线的位移边界条件和变形状态确定。

由 $x=0$、$y=0$ 的边界条件, 可得: $B=0$

由 $x=l$、$y=0$ 的边界条件, 可得: $A\sin kl = 0$ $\qquad (8-3)$

式(8-3)可能解为 $A=0$ 或者 $\sin kl = 0$。然而, 如果 $A=0$, 则由式(8-3)可知, 各截面的挠度均为零, 即压杆的轴线仍为直线, 而这与微弯状态的前提不符, 对应于压缩变形状态。因此, 其解为 $\sin kl = 0$,

由此得:

$$kl = n\pi (n = 1, 2, 3, \cdots) \qquad (8-4)$$

将式(8-4)代入 $\dfrac{F_{cr}}{EI} = k^2$, 于是得:

$$F_{cr} = \frac{n^2 \pi^2 EI}{l^2} (n = 1, 2, 3, \cdots)$$

如上所述, 使压杆在微弯状态下保持平衡的最小轴向压力, 即压杆的临界载荷。因此, 由上式并取 $n=1$, 即得两端铰支细长中心受压压杆的临界力为:

$$F_{cr} = \frac{\pi^2 EI}{l^2} \qquad (8-5)$$

式(8-5)即为两端铰支等截面细长中心压杆的临界力 F_{cr} 的计算公式, 由于最早由欧拉(L.Euler)导出, 故通常称为欧拉公式。

由式(8-5)可知:两端铰支等截面细长中心压杆的临界载荷与截面的弯曲刚度成正比,与杆长的平方成反比。

在临界载荷作用下,即 $kl = \pi$ 时,由式 $y = A\sin kx$,可得:

$$y = A\sin\frac{\pi x}{l}$$

即两端铰支等截面细长中心压杆临界状态时轴的挠曲线为正弦曲线,其最大的挠度或振幅值 A 则取决于压杆微弯的程度。因此可见,压杆在临界状态的平衡,是一种有条件的随遇平衡,微弯程度虽然可以任意,但挠曲轴形状一定。

【例8-1】用 3 号钢制成长 1 m,截面是 8 mm×20 mm 的矩形细长压杆,两端为铰支座。材料的屈服极限 $\sigma_S = 240$ MPa,弹性模量 $E = 210$ GPa,试按轴向压缩和压杆稳定性条件分别计算其临界荷载 F_{cr}。

【解】杆件的横截面面积为:$A = 8 \times 20 = 160$(mm)

横截面最小惯性矩为:$I_{min} = \dfrac{1}{12} \times 20 \times 8^3 = 853.3$(mm^4)

所以 $F_{cr} = \dfrac{\pi^2 EI}{l^2} = \dfrac{\pi \times 210 \times 10^3 \times 853.3}{1000^2} = 1.77$(kN)

可见对该杆承载能力起控制作用的是稳定性问题。

第二节　实际压杆的稳定因素

一、压杆的稳定计算

1.安全因数法

从临界应力总图可以看到,对于由稳定性控制其承载能力的细长压杆和中柔度压杆,其临界应力均随柔度增加而减小,对于由压缩强度控制其承载能力的粗短压杆,则不必考虑其柔度的影响。所以,进行压杆稳定性计算首先要确定压杆的柔度,然后再根据柔度的大小确定压杆的种类,选择正确的公式计算压杆临界应力,乘以横截面面积即可求得临界压力 F_{cr}。以稳定安全因数 n_{st} 除 F_{cr} 得许可压力 $[F]$。压杆的实际工作压力 F 不应超过 $[F]$,故压杆的稳定条件为

$$F \leqslant [F] = \frac{F_{cr}}{n_{st}} \qquad (8-6)$$

以上稳定条件也可写成比较安全因数的形式,即要求压杆的工作安全因数不小于规定的稳定安全因数 n_{st}:

$$n = \frac{F_{cr}}{F} \leqslant n_{st} \qquad (8-7)$$

式中:n 为工作安全因数。

规定的稳定安全因数 n_{st} 一般要高于强度安全因数,这有两方面的原因:一是真实压杆在几何、材料、荷载、约束条件等方面的初始缺陷都会严重影响压杆的稳定性,这些难以避免的缺陷对强度的影响就没有那么大;二是失稳的突发性和破坏的彻底性往往造成灾难性的后果,必须绝对防止。

应当指出,由于压杆的临界压力是由压杆的整体变形来决定的,当压杆局部有截面削弱时,例如,在压杆中有螺钉孔等情况,局部的截面削弱对压杆的整体变形影响很小,故在计算临界压力时,I 和 A 可按没削弱的横截面尺寸来计算。但对于局部有截面削弱的压杆,除了要进行稳定校核外,还应该对削弱截面进行强度校核,此时应按削弱了的横截面面积,即净面积来计算。

【例8-2】某型平面磨床液压传动装置如图8-2所示。油缸活塞直径 $D=$ 65 mm,油压力 $p=1.2$ MPa,活塞杆长度 $l=250$ mm,材料为35号钢,$\sigma_p =$ 220 MPa,$E=210$ GPa,$n_{st}=6$。试确定活塞杆的直径。

【解】活塞杆承受的轴向压力为

$$F = \frac{\pi}{4}D^2 p = \frac{\pi}{4} \times (65 \times 10^{-3})^2 \times 1.2 \times 10^6 = 3982(\text{N})$$

如在稳定条件式取等号,则活塞杆的临界压力为

$$F_{cr} = n_{st}F = 6 \times 3982 = 23892(\text{N})$$

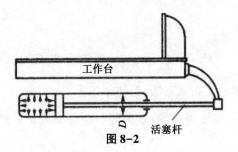

图 8-2

现在需要确定活塞杆的直径 d,以使它具有上列数值的工作台临界压力,但在直径确定之前不能求出活塞杆的柔度 λ,自然也不能判定究竟是用欧拉公式还是用经验公式计算。因此,在试算时先用欧拉公式确定活塞杆的直径,待确定直径后再检查是否满足使用欧拉公式的条件。

将活塞杆简化成两端铰支压杆,由欧拉公式得

$$F_{cr} = \frac{\pi^2 EI}{(\mu l)^2} = \frac{\pi^2 \times 210 \times 10^9 \times \frac{\pi}{64} d^4}{(1 \times 1.25)^2} = 23892(\text{N})$$

由此解出 $d = 0.0246$ m,取 $d = 25$ mm。

用所确定的 d 计算活塞杆的柔度:

$$\lambda = \frac{\mu l}{i} = \frac{1 \times 1.25}{\frac{0.025}{4}} = 200$$

对活塞杆的材料 35 号钢,可得

$$\lambda_p = \sqrt{\frac{\pi^2 E}{\sigma_p}} = \sqrt{\frac{\pi^2 \times 210 \times 10^9}{220 \times 10^6}} = 97$$

因为 $\lambda > \lambda_p$,所以用欧拉公式进行的试算是正确的。活塞杆直径 d 可取 25 mm。

2.稳定系数法

压杆的临界应力随柔度的增大而降低,因此设计压杆时所用的许用应力也应随柔度的增加而减小。在土木工程中,压杆设计的常用方法是将压杆的稳定许用应力 $[\sigma]_{st}$ 写为材料的强度许用应力 $[\sigma]$ 乘以一个随柔度而改变的系数

$[\varphi]$,即

$$[\sigma]_{st} = \frac{\sigma_{cr}}{n_{st}} = \frac{\sigma_{cr}}{n_{st}[\sigma]}[\sigma] = \varphi[\sigma] \qquad (8-8)$$

式中：$[\varphi]$ 为稳定系数或折减系数,数值小于1。

由于 σ_{cr}、n_{st} 均与柔度有关,故 φ 为与材料有关的 λ 的函数,压杆的稳定条件可写为

$$\sigma \leqslant \varphi[\sigma] \qquad (8-9)$$

在钢结构设计规范中,考虑影响压杆承载能力的各种因素,经计算把承载能力相近的压杆截面分为 a、b、c 三类,给出不同材料的 a、b、c 类截面在不同柔度下的 φ 值,以供压杆设计时使用。其中 a 类截面的稳定性最好,b 类次之,c 类最差,多数情况下压杆截面可取 b 类。表 8-1、表 8-2 列出了 3 号钢 a、b 类截面的部分稳定系数 φ 值。由表中可见,随柔度 λ 增大,φ 值减小。

表 8-1　3 号钢 *a* 类截面中心受压直杆的稳定系数

λ	0	1.0	2.0	3.0	4.0	5.0	6.0	7.0	8.0	9.0
0	1.000	1.000	1.000	1.000	0.999	0.999	0.998	0.998	0.997	0.996
12	0.995	0.993	0.993	0.992	0.991	0.991	0.988	0.985	0.985	0.983
20	0.981	0.977	0.977	0.976	0.974	0.974	0.970	0.968	0.966	0.964
30	0.963	0.959	0.959	0.957	0.955	0.955	0.950	0.948	0.946	0.944
40	0.941	0.937	0.937	0.934	0.932	0.932	0.927	0.924	0.921	0.919
50	0.916	0.912	0.912	0.907	0.904	0.904	0.897	0.894	0.890	0.886
60	0.883	0.875	0.875	0.871	0.867	0.867	0.858	0.851	0.849	0.844
70	0.830	0.829	0.829	0.824	0.818	0.818	0.807	0.801	0.795	0.789
80	0.788	0.770	0.770	0.763	0.757	0.757	0.743	0.736	0.728	0.721
90	0.714	0.699	0.699	0.691	0.684	0.684	0.668	0.661	0.653	0.645
120	0.638	0.622	0.622	0.615	0.607	0.607	0.592	0.585	0.577	0.570
112	0.563	0.548	0.548	0.541	0.534	0.534	0.520	0.514	0.507	0.500
120	0.494	0.481	0.481	0.475	0.469	0.469	0.475	0.451	0.445	0.440
130	0.434	0.423	0.423	0.418	0.412	0.412	0.402	0.397	0.392	0.387
140	0.383	0.373	0.373	0.369	0.364	0.364	0.356	0.351	0.347	0.343
150	0.339	0.335	0.331	0.327	0.323	0.320	0.316	0.312	0.309	0.305

表 8-2　3 号钢 b 类截面中心受压直杆的稳定系数

λ	0	1.0	2.0	3.0	4.0	5.0	6.0	7.0	8.0	9.0
0	1.000	1.000	1.000	0.999	0.999	0.998	0.997	0.996	0.995	0.994
12	0.992	0.991	0.989	0.987	0.985	0.983	0.981	0.978	0.976	0.973
20	0.970	0.967	0.963	0.960	0.957	0.953	0.950	0.946	0.943	0.939
30	0.936	0.932	0.929	0.925	0.922	0.918	0.914	0.912	0.906	0.903
40	0.899	0.885	0.891	0.887	0.882	0.878	0.874	0.870	0.865	0.861
50	0.856	0.852	0.847	0.842	0.838	0.833	0.828	0.823	0.818	0.813
60	0.807	0.802	0.797	0.732	0.726	0.720	0.714	0.707	0.701	0.694
70	0.751	0.745	0.739	0.732	0.726	0.720	0.714	0.707	0.701	0.694

二、提高压杆稳定性的措施

影响压杆稳定性的因素有横截面的形状、压杆长度、约束条件和材料的性能等。所以,从这几方面讨论如何才能提高压杆的稳定性。

1. 选择合理的截面形状

从欧拉公式看出,截面的惯性矩 I 越大,临界压力 F_{cr} 也越大。在经验公式中,柔度 λ 越小则临界应力越高。因为 $\lambda = \dfrac{\mu l}{i}$,所以提高惯性半径 i 的数值应能使 λ 减小。可见,如不增加截面面积,尽可能地把材料放在离截面形心较远处,以取得较大的 I 和 i,就提高了临界压力。这与提高梁的弯曲刚度是相似的,因为压杆失稳时也是在弯曲刚度最小的平面发生弯曲变形。例如,空心的环形截面就比实心圆截面合理,因为若二者截面面积相同,环形截面的 I 和 i 都比实心圆截面的大得多。同理,由四根角钢组成的起重臂,其四根角钢应分散放置在截面的四角,而不是集中地放置在截面形心附近(图 8-3)。由型钢组成的桥梁架中的压杆或建筑物中的柱,也都是把型钢分开安放。当然,也不能为了取得较大的 I 和 i,就无限制地增加环形截面的直径并减小其壁厚,这将使其变成薄壁圆管,从而可能有局部失稳,发生局部折皱的危险。对由型钢组成的组合压杆,也要用足够强劲的缀条或缀板把分开放置的型钢连成一个整体(图

8-4),否则,各条型钢变成独立的受压杆件,反而降低了稳定性还应注意,如压杆在各纵向平面内的相当长度 μl 相同,应使截面对任一形心轴 i 相等或接近相等,这样压杆在任一纵向平面内的 λ 都相等或接近相等,于是压杆在任一纵向平面内有相等或接近相等的稳定性。圆形、环形或如图 8-4 中的截面都能满足这一要求。相反,某些压杆在不同的纵向平面内 μl 并不相同。

例如,发动机的连杆在摆动平面内两端可简化为铰支座,$\mu_z = 1$,在与摆动平面垂直的平面内两端的约束情况接近于固定端,$\mu_y = 0.5$,这就要求连杆横截面对两个形心主惯性轴 z 和 y 有不同的 i_z 和 i_y,使得在两个主惯性平面内的柔度 $\lambda_z = \dfrac{\mu_z l_z}{i_z}$ 和 $\lambda_y = \dfrac{\mu_y l_y}{i_y}$ 接近相等。这样,连杆在两个主惯性平面仍然可以有接近相等的稳定性。

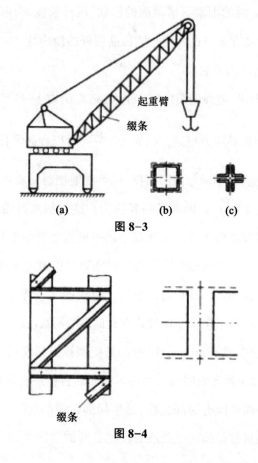

(a) (b) (c)

图 8-3

缀条

图 8-4

2.改变压杆的约束条件与合理选择杆长

从前述各节的讨论看,压杆的支座条件直接影响临界压力的大小。例如,一端固定另一端自由长为 l 的压杆 $\mu = 2$,$F_{cr} = \dfrac{\pi^2 EI}{(2l)^2}$。如将自由端改变为铰支座,使它成为一端固定另一端铰支的压杆,$\mu = 0.7$,$F_{cr} = \dfrac{\pi^2 EI}{(0.7l)^2}$。临界压力为原来的 8.16 倍,增长是非常大的。一般来说,增强对压杆的约束,使它更不容易出现弯曲变形,都可以提高压杆的稳定性。例如,电线杆、电视塔的细紧钢就起着增大其稳定性的作用。另外,柔度与杆长成正比,对大柔度杆来说,杆长减半可使其临界荷载增大为原来的 4 倍。实际上,增加中间支承既可以减小压杆长度,也可增加压杆的约束。如无缝钢管厂在轧制钢管时,在顶杆中部增加抱辊装置。

3.合理选择材料

细长压杆($\lambda \geq \lambda_p$)的临界压力由欧拉公式计算,它只与材料的弹性模量 E 有关,弹性模量较高,就具有较高的稳定性。但由于各种钢材的 E 大致相等,所以对于细长压杆,选用优质钢材或低碳钢差别不大。对中等柔度杆,经验公式表明临界应力与材料的强度有关。优质钢材的强度高,在一定程度上可以提高临界力的数值。至于柔度很小的短杆,本来就是强度问题,优质钢材的强度高,自然有明显的优势。

第九章 交应变力及疲劳破坏

第一节 工程中的交应变力问题

一、交变应力

在工程实际中,除了静载荷和动载荷外,还常常遇到随时间作周期性改变的载荷,这种荷载称为交变载荷。在交变荷载的作用下,构件内一点处的应力也随时间作周期性变化,这种应力称为交变应力。例如,如图 9-1(a) 所示的蒸汽机汽缸工作示意图,在活塞杆作往复运动时,通过连杆带动曲柄轴运动。活塞杆时而受拉,时而受压,杆内应力随时间交替变化,如图 9-1(b) 所示。

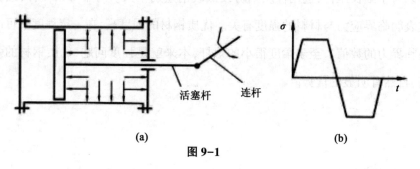

(a)   (b)

图 9-1

再比如,一对齿轮的轮齿在工作过程中(见图 9-2),轮齿所受载荷 F 从开始的零值变到最大,然后又从最大变到脱离时的零值。齿轮每转一周,轮齿就这样受力一次。在这样的交变载荷作用下,齿轮轴内的应力也随时间而周期性地变化。齿轮工作时随着齿轮接触和脱离的过程齿轮根部 A 点的弯曲正应力就由零变化到最大值,然后再回到零,图 9-2(b) 为该应力随时间变化的曲线。

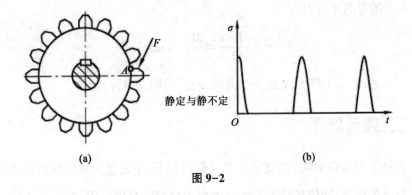

静定与静不定

(a)　　　　　　　　　　　　　**(b)**

图 9-2

　　还有些构件其承受的载荷不变,但是构件受力点的位置随时间做周期性的变化,这种情况也会产生交变应力。例如,图 9-3(a)中的火车轮轴,其力学模型如图 9-3(b)所示,它所承受的载荷 F 虽然不随时间发生变化,轴内各横截面上的弯矩基本不变。但由于车轴本身在旋转,轴内各点的弯曲正应力却是随时间作周期性交替变化的。假设轴以匀角速度 ω 转动,

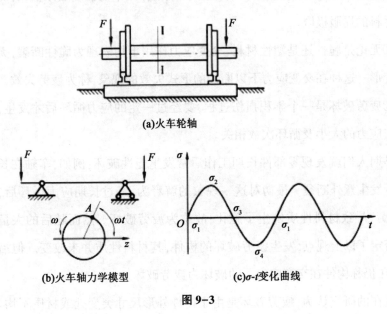

(a)火车轮轴

(b)火车轴力学模型　　　　　　　**(c)σ-t变化曲线**

图 9-3

　　横截面上 A 点到中性轴的距离 y 是随时间 t 变化的,即

$$y = r\sin\omega t$$

A 点的弯曲正应力为

$$\sigma = \frac{M \cdot y}{I} = \frac{M \cdot r}{I} \sin\omega t$$

不难看出，σ 随时间 t 按正弦曲线变化[见图 9-3(c)]。

二、疲劳破坏

大量工程实践表明,在交变应力长期作用下,不论是由脆性材料还是塑性材料制成的构件,即使其最大工作应力低于材料的强度极限,甚至低于屈服极限,也常会在没有明显塑性变形的情况下突然断裂破坏。这种构件在交变应力下的破坏称为疲劳破坏,构件抵抗疲劳破坏的能力称为疲劳强度。

构件在交变应力作用下的疲劳破坏与静应力作用下的破坏有着本质上的区别,疲劳破坏具有以下特点:

①交变应力的破坏应力值一般低于静载荷作用下的强度极限值,有时甚至低于材料的屈服极限。

②无论是脆性还是塑性材料,交变应力作用下均表现为脆性断裂,无明显塑性变形。这种在交变应力下以断裂的形式失效的现象,称为疲劳失效。

③疲劳破坏是一个累积损伤过程,要经过一定的应力循环后才发生,疲劳破坏与应力的大小及循环次数相关。

早期人们就发现零部件长期工作后常发生脆性破坏,例如,车轴在长时间使用后发生意外断裂。最初对这一现象的解释为:经过长期应力循环后,材质因"疲劳"导致材料性质发生了脆化,故称为疲劳破坏。然而随后的大量实验研究否定了以上观点,发生疲劳破坏的构件,其材料性质并未改变。但沿于习惯,现在仍称构件在交变应力下的破坏为疲劳破坏。

现在的研究认为,疲劳破坏是由于构件外形尺寸突变处或材质不均匀、有缺陷处,易形成局部的高应力区,在长期的应力循环下,高应力区萌生细微裂纹最终导致构件发生疲劳破坏。疲劳破坏的过程一般可分为以下几个阶段:

①裂纹萌生。在构件外形突变或有表面刻痕或有材料内部缺陷等部位,都

可能产生应力集中引起微观裂纹。对常见的金属疲劳而言,一般认为,在足够大的交变应力下,金属中位置最不利或较弱的晶体,沿最大切应力作用面形成滑移带,滑移带开裂成为微观裂纹。分散的微观裂纹经过集结沟通,将形成宏观裂纹。

②裂纹扩展。已形成的宏观裂纹在交变应力下逐渐扩展,扩展是缓慢和不连续的,因应力水平的高低时而持续时而停滞。

③构件断裂。裂纹的扩展使构件截面逐渐削弱,削弱到一定极限时,构件便突然断裂。

图 9-4 为疲劳破坏后的断口示意图,断口表面可明显区分为光滑区与粗糙区两部分。因为在裂纹的扩展过程中,裂纹的两个侧面在交变应力的作用下,时而压紧时而分离,多次反复研磨,就形成了断口的光滑区。而呈颗粒状的断口粗糙区则是最后突然断裂形成的。

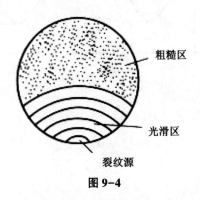

粗糙区

光滑区

裂纹源

图 9-4

因疲劳破坏常常是在没有明显征兆的情况下突然发生的,极易造成严重事故。据统计,机械零件,尤其是高速运转的构件的破坏,大部分属于疲劳破坏。飞机、汽车和机器发生的事故中.有很大比例是零部件疲劳失效引起的,这类事故往往造成很大的人员伤亡和财产损失。

三、交变应力的描述与类型

交变应力下的疲劳破坏与静应力下的破坏有很大差异,故表征材料抵抗交变应力破坏能力的强度指标也不同。显然,材料抵抗断裂的极限应力与交变应力的变化情况有关。

1.交变应力描述

如图9-5所示为构件受交变应力作用时,其上一点的应力循环曲线。应力每重复变化一次,称为一个应力循环。完成一个应力循环所需的时间 T,称为一个周期。应力循环中的最大应力为 σ_{max} 最小应力为 σ_{min},最小应力和最大应力的比值称为循环特征,用 r 表示。

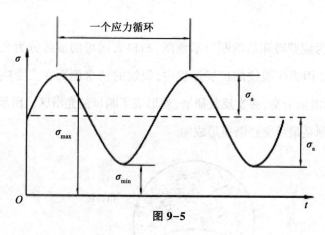

图 9-5

在拉、压或弯曲交变应力下:

$$r = \frac{\sigma_{min}}{\sigma_{max}} \qquad (9-1)$$

在扭转交变应力下:

$$r = \frac{\tau_{min}}{\tau_{max}} \qquad (9-2)$$

由以上两式不难看出,r 在+1 与-1 之间变化。

最大应力和最小应力代数和的一半,称为交变应力的平均应力。用 σ_m 表示,即

$$\sigma_m = \frac{\sigma_{max} + \sigma_{min}}{2} \qquad (9-3)$$

最大应力和最小应力的差值的 1/2,称为交变应力的应力幅,用 σ_a 表

示,即

$$\sigma_{a} = \frac{\sigma_{max} - \sigma_{min}}{2} \qquad (9-4)$$

平均应力 σ_m 表示了应力循环中应力不变的部分,相当于静应力部分;应力幅 σ_a 表示了应力从平均应力变动到最大或最小应力的幅度,相当于交变应力中的动应力部分。

2.交变应力的分类

工程上,通常用 σ_{max}, σ_{min}, σ_m, σ_{r2}, r 这5个参数来描述一种交变应力。显然,当知道其中任意两个,就可以确定其他3个参数。循环特征 r 是表示交变应力的一个重要参数,根据不同的循环特征,常把交变应力分成两大类:对称循环和非对称循环。

(1)对称循环。

在应力循环中最大应力与最小应力等值而反号,即 $\sigma_{max} = -\sigma_{min}$,这种情况称为对称循环交变应力[图9-6(a)],其循环特征 $r = \frac{\sigma_{min}}{\sigma_{max}} = -1$。

(2)非对称循环。

若循环特征 $r \neq -1$,这种情况称为非对称循环交变应力。若非对称循环交变应力中的最小应力等于零 $\sigma_{min} = 0$,则 $r = 0$,称为脉动循环交变应力,如图9-6(b)所示。若 σ_{max}, σ_{min} 同号,则 $r>0$,这样的应力循环为同号应力循环;反之,$r<0$ 为异号应力循环。构件在静应力状态下,各点处的应力保持恒定,即 $\sigma_{max} = \sigma_{min}$,若将静应力视作交变应力的一种特例,则其循环特征为:$r=1$[见图9-6(b)]。

参数不随时间改变的交变应力称为等幅交变应力,反之称为变幅交变应力,如图9-6(d)所示为非对称循环变幅交变应力。以上关于循环特征的概念多是对正应力 σ 而言,若杆件中出现的交变应力是切应力 τ,上述概念同样适用,只要把 σ 换成 r 即可。

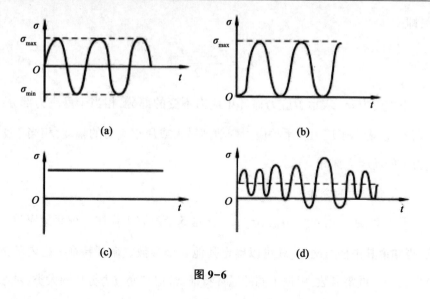

图 9-6

第二节　材料的疲劳极限

一、材料持久极限(疲劳极限)

金属在交变应力下疲劳失效时,应力水平往往低于屈服极限,因此,静载下测定的屈服极限或强度极限已不能作为强度指标,为此交变应力下的强度指标应重新测定。

为了确定材料在交变应力作用下所承受的极限应力,就需要对试样施加各种交变应力,如拉伸(压缩)、弯曲和扭转实验。最常见的是弯曲疲劳实验,其装置如图 9-7 所示。将标准试样固定在空心轴夹具内,使两者成为一个整体,通过砝码对其施加载荷,于是试样在工作长度内为纯弯曲。当电机带动空心轴夹具一起旋转时,试样将承受对称循环交变应力。在试样横截面的边缘处,应力循环的最大值可由所加的载荷按弯曲正应力公式算出:

$$\sigma_{\max} = \frac{M_{\max}}{W}$$

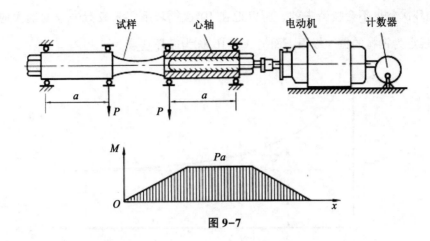

图 9-7

试样断裂前的应力循环次数即为试样转数,其值可由计数器读出。

1. 应力-寿命曲线(S-N 曲线)

在对称循环下测定疲劳强度指标,技术上比较简单。测定时,将金属材料加工成 $d = 7 \sim 10$ mm 表面光滑的试样,每组试样为 $6 \sim 10$ 根,在如图 9-7 所示的旋转弯曲疲劳实验机上进行疲劳实验。

实验时,使第一根试样的最大应力 $\sigma_{max,1}$ 较高,约为强度极限 σ_b 的 70%。经历 N_1 循环后,试样断裂 N_1 称为应力 $\sigma_{max,1}$ 时的疲劳寿命,也称寿命。然后,使第二根试样的应力 $\sigma_{max,2}$ 略低于第一根,它的寿命为 N_2。一般来说,随着应力水平的降低,疲劳寿命(导致疲劳失效的循环次数)迅速增加。逐步降低了应力水平,得出与各应力水平相应的寿命。以 σ 应力为纵坐标,寿命 N 为横坐标,按实验结果描成的曲线,称为应力-寿命曲或 S-N 曲线(见图 9-8)。

钢试样疲劳实验表明,当最大应力降低至某一极限值后,S-N 曲线趋近一水平线,表示只要应力不超过这一极限值,N 可无限增大,材料可经历无限次应力循环而不发生疲劳失效。

交变应力的这一极限值称为材料的疲劳极限或耐劳极限,也称为持久极限,如图 9-8 所示的 σ_{-1},其中 σ 的下标"-1"表示为对称循环下的疲劳极限,即循环特征 $r = -1$。

常温下的实验表明,如钢试样经历 10^7 次循环仍未疲劳失效,则一般再增加循环次数也不会疲劳失效。所以把在 10^7 次循环下仍未疲劳失效的最大应力,规定为钢材的持久极限。而把 $N_0 = 10^7$ 称为循环基数。

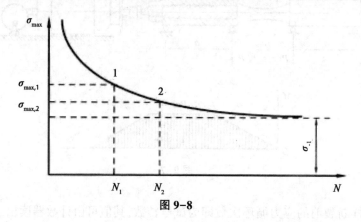

图 9-8

许多有色金属的 $S-N$ 曲线无明显趋于水平的直线部分,通常规定 $N_0 = (5 \sim 10) \times 10^7$ 作为循环基数,所对应的应力为该材料的条件疲劳极限。

同样,也可通过实验测定材料在拉-压或扭转等交变应力下的疲劳极限。实验指出,钢材在对称循环下的疲劳极限与静载荷强度极限大致近似关系如下:

弯曲 $\sigma_{-1} \approx 0.4\sigma_b$;

拉压 $\sigma_{-1} = 0.28\sigma_b$;

扭转 $\tau_{-1} \approx 0.23\sigma_b$ 。

上述关系可作为粗略估计材料疲劳极限的参考。

第三节　构件的疲劳极限

材料疲劳极限通常是常温下用光滑小试样测定的。但由于构件的外形结构、截面尺寸以及加工方式等各式各样,完全不同于光滑小试件,这样,构件的疲劳极限也不同于材料的疲劳极限,它不仅与材料性质有关,而且还与构件的外形结构、截面尺寸以及加工方式等因素有关。

一、构件外形的影响

构件随工艺结构的需要,有外形的突然变化,如构件上的有螺纹、键槽、轴肩、缺口等,这些截面突变处将引起应力集中的现象。在应力集中部位,局部应力很大,更容易萌生疲劳裂纹并促进其发展,其疲劳极限要比同样尺寸的光滑试件有所降低,其影响程度用有效应力集中因数 K_σ 或 K_τ 表示为

$$K_\sigma = \frac{\sigma_{(-1)d}}{\sigma_{(-1)k}} \text{ 或 } K_\tau = \frac{\tau_{(-1)d}}{\tau_{(-1)k}} \qquad (9-5)$$

其中, $\sigma_{(-1)d}$ 或 $\tau_{(-1)d}$ 是无应力集中光滑试件的疲劳极限, $\sigma_{(-1)k}$ 或 $\tau_{(-1)k}$ 是有应力集中光滑试件的疲劳极限。显然 K_σ 或 K_τ 都大于 l。常见外形突变应力集中情况的有效应力集中因素已制成图表,可以从有关手册中查到。如图 9-9、图 9-10、图 9-11 所示为阶梯轴弯曲有效应力集中系数.图 9-12 和图 9-13 为阶梯轴扭转有效应力集中系数。

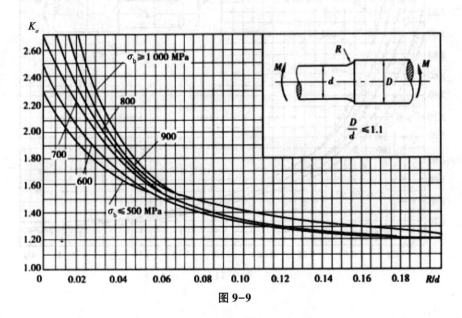

图 9-9

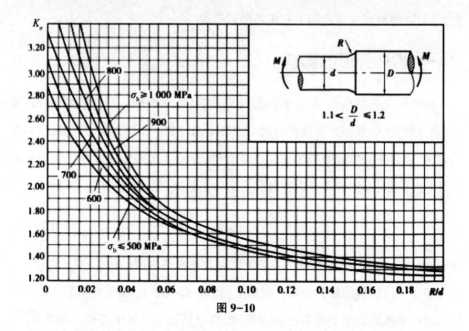

图 9-10

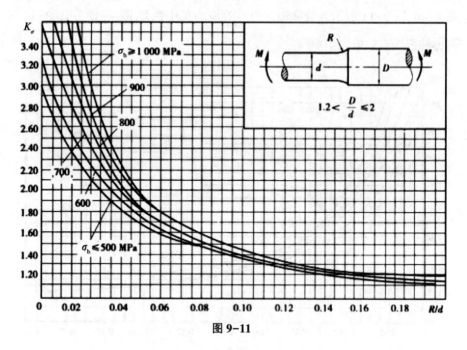

图 9-11

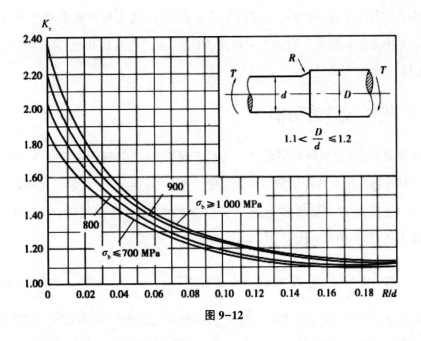

图 9-12

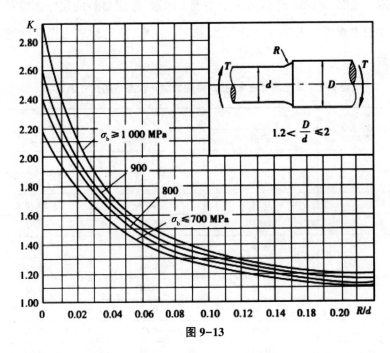

图 9-13

由以上各图可知,随着过渡圆角半径 R 的减小,应力集中现象越严重,有效应力集中系数就越大。当轴上有螺纹、键槽。花键槽及横孔时,其有效应力集中因数也可查表获得。

二、构件尺寸的影响

实验表明,虽然材料相同但尺寸大小不同的式样,其疲劳极限也不相同。大尺寸试样比小尺寸式样的疲劳极限要低。这主要是由于尺寸越大,试样内部所包含的杂质、缺陷就会增多,因此疲劳裂纹就越容易产生。尺寸增大使疲劳极限降低的程度,用尺寸因素 ε_σ 或 ε_τ 来表示。

$$\varepsilon_\sigma = \frac{(\sigma_{-1})_d}{\sigma_{-1}} \text{ 或 } \varepsilon_\tau = \frac{(\tau_{-1})_d}{\tau_{-1}} \tag{9-6}$$

其中 σ_{-1} 或 τ_{-1} 是光滑小试件的疲劳极限,$\sigma_{(-1)k}$ 或 $\tau_{(-1)k}$ 是光滑大试件的疲劳极限。显然,ε_σ 或 ε_τ 也是一个小于 1 的数,常用材料的尺寸因素可以从有关的手册上查到。表 9-1 给出了常见钢材在弯、扭对称应力循环状态下的尺寸因数。

表 9-1　常见钢材在弯、扭对称应力循环状态下的尺寸因数

直径 d/mm	ε_σ		各种钢 ε_τ
	碳钢	合金钢	
>	0.91	0.83	0.89
>	0.88	0.77	0.81
>	0.84	0.73	0.78
>	0.81	0.70	0.76
>	0.78	0.68	0.74
>	0.75	0.66	0.73
>	0.73	0.64	0.72
>	0.70	0.62	0.70
>	0.68	0.60	0.68
>	0.60	0.54	0.60

三、构件表面质量的影响

疲劳破坏一般起源于构件的表面,因此,对于承受交变应力的构件,表面光洁度和加工质量对于构件的疲劳强度有很大的影响。表面加工粗糙、刻痕、损伤等都会引起应力集中,从而降低构件疲劳极限。对于钢材,它的强度极限越高,表面加工情况对疲劳极限的影响越显著。表面质量对持久极限的影响用表面状态因数 β 表示。

$$\beta = \frac{(\sigma_{-1})_\beta}{(\sigma_{-1})_d} \text{ 或 } \beta = \frac{(\tau_{-1})_\beta}{(\tau_{-1})_d} \qquad (9-7)$$

式(9-7)中, $(\sigma_{-1})_\beta$ 为各种不同表面加工精度下试样的劳动疲劳极限, $(\sigma_{-1})_d$ 为表面磨光试样的疲劳极限。表面加工质量越差, β 越小。通常情况下,表面状态因素 $\beta \leqslant 1$,常见加工方法对粗糙度对应的 β 值列于表9-2中。但可通过淬火、氮化、渗碳等表面做强化处理提高其持久极限从而得到大于1的 β 值,可以从相关手册中查得。

表9-2 常见加工方法对粗糙度对应的 β 值

加工方法	表面质量 $R_a/\mu m$	σ_b/MPa		
		400	800	1 200
磨削	0.1~0.2	1	1	1
车削	1.6~4.3	0.95	0.9	0.8
初车	3.2~12.5	0.85	0.8	0.65
未加工表面	—	0.75	0.65	0.45

综合上述3种因素,对称循环下构件的疲劳极限为

$$\sigma_{-1}^0 = \frac{\varepsilon_\sigma \beta}{K_\sigma} \sigma_{-1} \qquad (9-8)$$

或

$$\tau_{-1}^0 = \frac{\varepsilon_\tau \beta}{K_\tau} \tau_{-1} \qquad (9-9)$$

式(9-8)和式(9-9)中, σ_{-1} 或 τ_{-1} 为光滑小试样的疲劳极限。

除了以上 3 种影响因素外,还有工作环境的影响。温度、介质也会影响疲劳极限,同前面的方法一样,可用修正系数来表达这些因素的影响。例如,在腐蚀环境中的构件,由于腐蚀介质的侵蚀能促使疲劳裂纹的形成和扩展,因此,材料的疲劳极限一般都有明显降低。抗拉强度为 40 MPa 的钢材,在海水中的弯曲对称循环疲劳极限比在干燥空气中的数值约低 1/2。实验表明,当钢的工作温度为 400 ℃ 以下时,温度对疲劳极限的影响不大,超过 400 ℃ 以后,随着温度的升高,疲劳极限也会下降。

四、提高疲劳极限的措施

疲劳裂纹主要形成于构件表面和应力集中部位,故提高构件疲劳极限应从减轻应力集中、提高表面质量等方面入手,其主要措施如下。

(1)减缓应力集中。

为提高构件疲劳极限,设计构件外形时,应尽可能地消除或减轻应力集中,避免出现方形或带有尖角的孔和槽,在截面突变处采用足够大的过渡圆角。从图 9-9 至图 9-13 中的曲线可以看出,随着尺的增大,有效应力集中因素迅速减小。如因结构原因,难以加工大的过渡圆角,可通过减小阶梯轴两段刚度差的方法降低应力集中。比如,在阶梯轴较粗轴肩设置减荷槽或退刀槽,以减小直径较粗部分的刚度,达到减小应力集中的目的,如图 9-14 和图 9-15 所示,在轮毂与轴的紧密配合面的边缘处,也有明显的应力集中。若在轮毂上开减荷槽并加粗轴配合部分的尺寸,以缩小轮毂与轴之间的刚度差也可以减轻配合边缘处的应力集中,如图 9-16 所示。

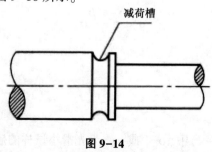

减荷槽

图 9-14

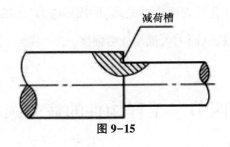

减荷槽

图 9-15

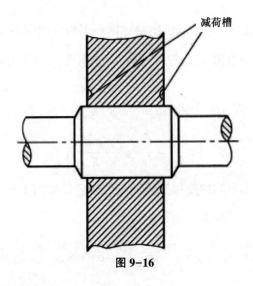

减荷槽

图 9-16

（2）提高表面质量。

构件表面加工质量对疲劳强度的影响很大,同时,表面质量要求高的构件,其表面质量要求也高。高强度材料,特别是钢材,对表面质量更为敏感,只有经过精加工,材料的高强度性能才能显现,否则会使疲劳极限大幅降低,失去了采用高强度材料的意义。构件降低表面粗糙度是主要途径,对表面进行精加工,如抛光、研磨、超精加工等,特别避免表面有机械损伤(如划伤、打印等)和化学损伤(如腐蚀、生锈等)。

（3）增加表面强度。

通过热处理和化学处理,如高频淬火、渗碳、渗氮、氰化等可强化构件表层,从而显著地提高疲劳强度。在采用以上工艺方法时应严格控制工艺过程,否则反而造成表面细微裂纹,降低了疲劳极限。也可以采用表面强化工艺,如喷丸、喷砂、滚压、挤压等工艺对表面进行处理,形成压应力层,抵消一部分或消除表面拉应力引起的裂纹,从而大大提高疲劳强度。

第四节　工程构件的疲劳强度

由式(9-8)和式(9-9)可以求出对称循环下构件的疲劳极限 σ_{-1}^0 和 τ_{-1}^0。将对称循环下的疲劳极限 σ_{-1}^0 或 τ_{-1}^0 除以安全系数 n,得许用应力为

$$[\sigma_{-1}] = \frac{\sigma_{-1}^0}{n} = \frac{1}{n} \frac{\varepsilon_\sigma \beta}{K_\sigma} \sigma_{-1} \qquad (9-10)$$

$$[\tau_{-1}] = \frac{\tau_{-1}^0}{n} = \frac{1}{n} \frac{\varepsilon_\tau \beta}{K_\tau} \tau_{-1} \qquad (9-11)$$

安全系数 n 根据不同的使用工况和条件确定。如用工作安全系数来表示对称循环构件的疲劳强度条件则有

$$n_\sigma = \frac{\sigma_{-1}^0}{\sigma_{max}} = \frac{\varepsilon_\sigma \beta}{K_\sigma \sigma_{max}} \sigma_{-1} \geqslant n \qquad (9-12)$$

$$n_\tau = \frac{\tau_{-1}^0}{\tau_{max}} = \frac{\varepsilon_\tau \beta}{K_\tau \tau_{max}} \tau_{-1} \geqslant n \qquad (9-13)$$

即

$$n_\sigma \geqslant n \text{ 或 } n_\tau \geqslant n \qquad (9-14)$$

其中, σ_{max} 或 τ_{max} 为构件危险点的最大工作应力, n 为规定的安全系数, n_σ 或 n_τ 为构件工作安全系数。

一、非对称循环交变应力及弯扭组合交变应力下的疲劳强度条件

1.非对称循环下构件的疲劳强度条件

非对称循环时的最大应力 σ_{max},可以看成是由静应力 σ_m(即平均应力)与

对称循环的变动应力 σ_a（即应力幅）叠加而成。构件承受变动应力的能力,受到应力集中、尺寸大小及表面加工质量等因数的影响,而静应力对疲劳破坏影响较小。因此,对变动应力部分可按式(9-10)和式(9-11)当作对称循环处理。对静应力部分则引入一个与材料性质有关的敏感因数 ψ。非对称循环下构件的疲劳强度条件为

$$n_\sigma = \frac{\sigma_{-1}}{\dfrac{K_\sigma}{\varepsilon_\sigma \beta}\sigma_a + \psi_\sigma \sigma_m} \geqslant n \qquad (9-15)$$

$$n_\tau = \frac{\tau_{-1}}{\dfrac{K_\tau}{\varepsilon_\tau \beta}\tau_a + \psi_\tau \tau_m} \geqslant n \qquad (9-16)$$

式(9-15)和式(9-16)中的 σ_m 及 τ_m 均用绝对值代入,ψ_σ 及 ψ_τ 可查表9-3。

表 9-3

因数	σ_b/MPa				
	350~500	500~700	700~1000	1000~1200	1200~1400
ψ_σ	0	0.05	0.1	0.2	0.25
ψ_τ	0	0	0.05	0.1	0.15

当 r 接近 1 时,载荷接近于静载荷,对塑性材料制成的构件,将首先发生屈服破坏,故还应校核静载荷下的屈服强度,即

$$\sigma_{max} \leqslant \frac{\sigma_s}{n_s}$$

将上式写成用安全因数表达的静强度条件为

$$n_{\sigma S} = \frac{\sigma_S}{\sigma_{max}} \geqslant n_S \qquad (9-17)$$

对于切应力有

$$n_{\tau S} = \frac{\tau_S}{\tau_{max}} \geqslant n_S \qquad (9-18)$$

式(9-17)和式(9-18)中 $n_{\sigma S}$ 和 $n_{\tau S}$ 为实际安全因数,n_S 为规定安全因数。

因此,对于 $0<r<1$ 的构件,应同时按式(9-15)及式(9-16)与式(9-17)及式(9-18)进行强度校核。

2.弯扭组合交变应力下构件的疲劳强度条件

按照第三强度理论,构件在弯扭组合变形时的静强度条件为

$$\sqrt{\sigma_{\max}^2 + 4\tau_{\max}^2} \leqslant \frac{\sigma_{\mathrm{S}}}{n}$$

将上式两边平方并除以 σ_{S}^2,把 $\tau_{\mathrm{S}} = \dfrac{\sigma_{\mathrm{S}}}{2}$ 代入,则得

$$\frac{1}{(\dfrac{\sigma_{\mathrm{S}}}{\sigma_{\max}})^2} + \frac{1}{(\dfrac{\tau_{\mathrm{S}}}{\tau_{\max}})^2} \leqslant \frac{1}{n^2}$$

将上式中的比值 $\dfrac{\sigma_{\mathrm{S}}}{\sigma_{\max}}$ 和 $\dfrac{\tau_{\mathrm{S}}}{\tau_{\max}}$,分别作为仅考虑弯曲正应力和扭转切应力的工作安全因数,并用 n_σ 和 n_τ 表示,上式可改写为

$$\frac{n_\sigma n_\tau}{\sqrt{n_\sigma^2 + n_\tau^2}} \geqslant n \qquad\qquad (9-19)$$

实验表明,上述形式的静强度条件可以推广到疲劳强度计算,由此得弯扭组合变形时疲劳强度条件的近似公式

$$n_{\sigma\tau} = \frac{n_\sigma n_\tau}{\sqrt{n_\sigma^2 + n_\tau^2}} \geqslant n \qquad\qquad (9-20)$$

式(9-19)中 $n_{\sigma\tau}$ 为交变正应力与交变切应力组合时构件的工作安全因数;$n_{\sigma\tau}$ 和 n_τ 分别为只有交变正应力和只有交变切应力时的工作安全因数,分别用式(9-12)和式(9-13)计算。

应该指出,式(9-19)只适用于塑性材料制作的构件。此外,若交变正应力与交变切应力不同相,即两种交变应力并非同时达到最大值或不同时达到最小值时,则式(9-19)的计算也带有近似性。

如需进行静强度校核,则将式(9-19)中的各项均代以静载荷下的安全系数,即

$$n_{\sigma\tau_S} = \frac{n_{\sigma_S} n_{\tau_S}}{\sqrt{n_{\sigma_S}^2 + n_{\tau_S}^2}} \geqslant n_S$$

二、无限寿命设计与有限寿命设计

在如图 9-17 所示的应力-寿命曲线中，$N_0(10^7 \sim 10^8)$ 为循环基数。N_0 将曲线分成两部分，右边部分循环次 N 大于 N_0，称为无限寿命区；左边部分循环次数 N 小于 N_0，称为有限寿命区。在有限寿命区中，$\sigma^m N = C$，其中 m,C 均为与材料有关的常数。有限寿命区曲线上的点所对应的应力值 σ_i，称为有限寿命为循环次数为 N_i 时的条件疲劳极限。像前面所述的那样，按照疲劳极限进行疲劳强度设计，称为无限寿命设计；若按照条件疲劳极限进行疲劳强度设计，称为有限寿命设计。譬如，设计轴承时，使用时间定为 5 000 h，固体火箭发动机助推时间定为 3 min，均为有限寿命设计。

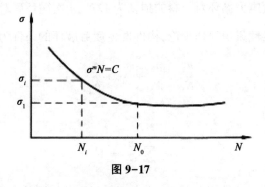

图 9-17

三、疲劳损伤累积的概念

对于变幅交变应力，最大应力有时超过疲劳极限，有时低于疲劳极限，且在大多数情况下高幅应力的循环次数小于低幅应力的循环次数。在这种情况下若仍然采取前面的无限寿命设计思想，即控制构件危险点应力循环中的最大应力不超过疲劳极限，显然是过于保守的，需要采取新的设计思想与方法。

实践证明，当构件危险点处应力循环中的最大应力值超过疲劳极限时，整个构件并没有完全发生疲劳失效,而是产生了一定量的损伤。随着应力循环的继续,这种损伤会累积起来,当累积达到某一临界值时,构件才最终发生疲劳失效。这就是疲劳损伤理论,构件累积损伤过程就是构件固有寿命消耗过程,这种损伤积累到一定程度,达到某一临界值时,构件就发生疲劳破坏。

四、线性累积损伤理论

工程上广泛采用线性累积损伤理论,它的基本假设是各级交变应力引起的疲劳损伤可以分别计算,然后再线性叠加。

如图 9-18(a)所示一对称循环变幅交变应力,将其简化为由若干级等幅交变应力,设各级交变应力幅值为 $\sigma_1,\sigma_2,\sigma_3,\cdots$,如图 9-18(b)所示,各级交变应力实际循环次数为 $n_1,n_2,n_3,\cdots$。根据 $S-N$ 曲线(见图 9-17),材料在各级交变应力单独作用下发生疲劳破坏时的循环次数为 $N_1,N_2,N_3,\cdots$,则第 i 级交变应力经过一次应力循环对材料的损伤为 $1/N_i$,n_i 次循环后对材料的累积损伤为 n_i/N_i,根据线性累积损伤理论,构件发生疲劳破坏的条件为

$$\frac{n_1}{N_1} + \frac{n_2}{N_2} + \cdots + \frac{n_k}{N_k} = 1$$

将上式写为

$$\sum_{i=1}^{k} \frac{n_i}{N_i} = 1 \qquad\qquad (9-21)$$

式中:k 为等幅交变应力总的级数,应力幅低于疲劳极限的交变应力不计在内。

式(9-21)是线性累积损伤基本方程,称为迈因纳(M.Miner)定律。

五、变幅交变应力下构件的疲劳强度条件

变幅交变应力的疲劳强度条件和等幅交变应力的疲劳强度条件一样,即

$$n_\sigma \geqslant n \qquad\qquad (9-22)$$

式中,n_σ 为在变幅交变应力下构件的工作安全因数。

下面以对称循环变幅交变应力为例,将变幅交变应力简化为 k 级等幅交变

应力,其中各级应力幅都大于材料的疲劳极限 σ_{-1} 。根据线性累积损伤方程计算工作安全因数 n_σ 。

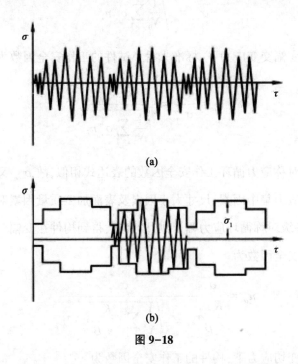

图 9-18

将式(9-21)中的分子和分母同乘以某一级应力的 m 次方 σ_i^m 得

$$\sum_{i=1}^{k} \frac{\sigma_m^i n_i}{\sigma_i^m N_i} = 1 \tag{a}$$

由图9-17 的.$S\text{-}N$ 曲线可知 $\sigma_i^m N_i = \sigma_{-1}^m N_0 = C$,用 $\sigma_{-1}^m N_0$ 代替 $\sigma_i^m N_i$,代入式(a)得

$$\sum_{i=1}^{k} \frac{\sigma_i^m n_i}{\sigma_{-1}^m N_0} = \frac{1}{\sigma_{-1}^m N_0} \sum_{i=1}^{k} \sigma_i^m n_i = 1 \tag{b}$$

由式(b)得

$$\sqrt[m]{\frac{1}{N_0} \sum_{i=1}^{k} \sigma_i^m n_i} = \sigma_{-1} \tag{c}$$

式(c)即为疲劳破坏的判据。

引入记号

$$\sigma_{eq} = \sqrt[m]{\frac{1}{N_0} \sum_{i=1}^{k} \sigma_i^m n_i} \qquad\qquad (d)$$

故在 k 级变幅交变应力下,标准光滑小试件的工作安全因数为

$$n_\sigma = \frac{\sigma_{-1}}{\sigma_{eq}} = \frac{\sigma_{-1}}{\sqrt[m]{\frac{1}{N_0} \sum_{i=1}^{k} \sigma_i^m n_i}} \qquad\qquad (e)$$

这与等幅对称应力循环工作安全因数的表达式相似,故 σ_{eq} 又称为当量应力。考虑有效应力集中因素、尺寸大小因素及表面加工质量因素对构件疲劳强度的影响,对各级对称循环应力幅 σ_i 加以修正,得到构件在变幅对称循环交变应力下的工作安全因数为

$$n_\sigma = \frac{\sigma_{-1}}{\frac{K_\sigma}{\varepsilon_\sigma \beta} \sigma_{eq}} = \frac{\sigma_{-1}}{\sqrt[m]{\frac{1}{N_0} \sum_{i=1}^{k} \left(\frac{K_\sigma}{\varepsilon_\sigma \beta} \sigma_i\right)^m n_i}} \qquad\qquad (9-23)$$

在变幅交变切应力下,构件的工作安全因数为

$$n_\tau = \frac{\tau_{-1}}{\frac{K_\tau}{\varepsilon_\tau \beta} \tau_{eq}} = \frac{\tau_{-1}}{\sqrt[m]{\frac{1}{N_0} \sum_{i=1}^{k} \left(\frac{K_\tau}{\varepsilon_\tau \beta} \tau_i\right)^m n_i}} \qquad\qquad (9-24)$$

变幅非对称循环交变应力的情况,可将每级不对称循环中的平均应力 σ_m 乘以材料对应力循环不对称性的敏感因数 ψ_σ 或 ψ_τ,转化为等效的对称循环,而后按式(9-15)和式(9-16)得到变幅非对称循环交变应力下构件的工作安全因数。对于承受弯扭组合变幅交变应力的情形,也可参照前述,将式(9-23)中的工作安全系数代入式(9-19)进行疲劳强度校核。

参 考 文 献

[1]邓宗白,陶阳,吴永端. 材料力学[M]. 北京:中国铁道出版社,2021.

[2]袁海庆. 材料力学[M]. 武汉:武汉理工大学出版社,2020.

[3]冯维明. 材料力学[M]. 北京:机械工业出版社,2020.

[4]魏媛,李锋. 材料力学[M]. 北京:机械工业出版社,2019.

[5]陈建桥. 复合材料力学[M]. 2 版.武汉:华中科技大学出版社,2020.

[6]沙桂英. 材料的力学性能[M]. 北京:北京理工大学出版社,2015.

[7]黄剑峰,龙立焱. 材料力学实验指导[M]. 重庆:重庆大学出版社,2013.

[8]乔生儒,张程煜,王泓. 材料的力学性能[M]. 西安:西北工业大学出版
社,2015.

[9]刘瑞堂,刘锦云. 金属材料力学性能[M]. 哈尔滨:哈尔滨工业大学出版
社,2015.

[10]金艳,齐威. 材料力学[M]. 上海:上海交通大学出版社,2018.

[11]任述光. 材料力学[M]. 西安:西安交通大学出版社,2018.

[12]杨在林. 材料力学[M]. 哈尔滨:哈尔滨工业大学出版社,2018.